全国技工院校计算机类专业（中／高级技能层级）

Access 2021

基础与应用实训题集

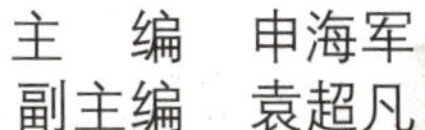

主　编　申海军
副主编　袁超凡

中国劳动社会保障出版社

简介

本书是全国技工院校计算机类专业教材（中 / 高级技能层级）《Access 2021 基础与应用》的配套实训题集。

本书按照教材项目和任务的顺序编排，根据教材讲授的知识与技能设置任务，具有较强的可操作性和拓展性，可帮助学生进一步巩固所学知识，锻炼实际操作能力。完成本书任务所需的相关素材可通过技工教育网（http://jg.class.com.cn）下载使用。

本书由申海军担任主编，袁超凡担任副主编，王雪担任主审。

图书在版编目（CIP）数据

Access 2021 基础与应用实训题集 / 申海军主编. 北京：中国劳动社会保障出版社，2024. --（全国技工院校计算机类专业）. -- ISBN 978-7-5167-6676-7

Ⅰ. TP311.132.3

中国国家版本馆 CIP 数据核字第 202402TS27 号

中国劳动社会保障出版社出版发行

（北京市惠新东街 1 号　邮政编码：100029）

*

保定市中画美凯印刷有限公司印刷装订　　新华书店经销

787 毫米 ×1092 毫米　16 开本　6.25 印张　119 千字

2024 年 10 月第 1 版　　2024 年 10 月第 1 次印刷

定价：16.00 元

营销中心电话：400-606-6496

出版社网址：http://www.class.com.cn

http://jg.class.com.cn

目 录

CONTENTS

项目一
初步认识 Access 2021 数据库

实训任务　体验 Access 2021 的基本操作

一、实训任务

某快捷酒店为了提高管理水平，需要对酒店的客户、客房以及入住记录进行信息化管理，现准备开发一个简单、实用的酒店管理系统，以实现信息的浏览和查询等功能。要开发此系统，首先要建立数据库，即创建一个名为“酒店管理系统”的空数据库文件，并进行保存。

二、任务分析

要完成本实训任务，应按照图 1-1 所示的思维导图复习教材中所学的知识点和技能点。

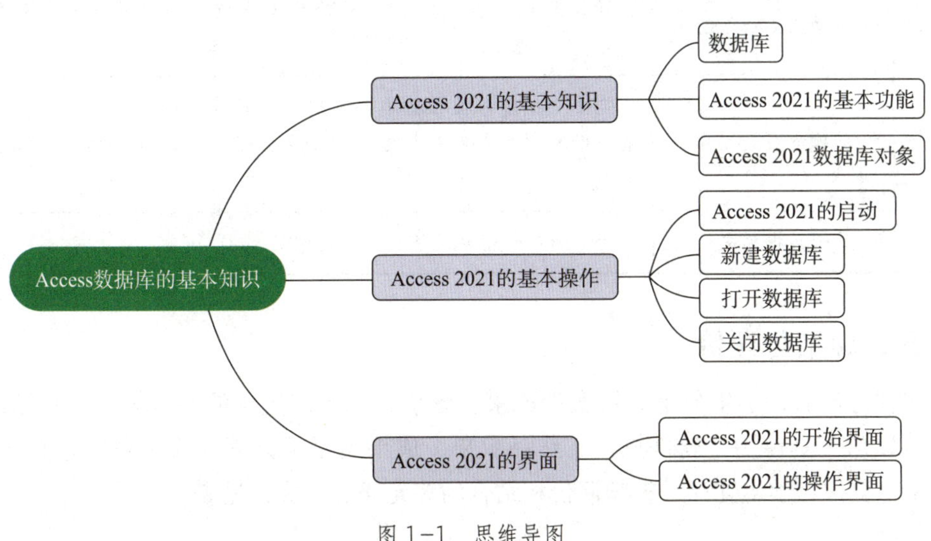

图 1-1　思维导图

本实训任务通过创建和管理数据库，帮助学生熟悉 Access 2021 的基本操作，尤其是创建和关闭操作，并了解数据库的基本功能，理解数据库的对象及作用，重点掌握数据库的创建方法。

三、计划制订

学生根据任务分析，自己制订完成本实训任务的实训计划，见表 1–1。

表 1–1　实训计划

序号	工作内容	所需时间

四、操作步骤提示

本实训任务的操作步骤提示见表 1–2。

表 1–2　操作步骤提示

序号	操作步骤	内容
1	启动 Access 2021	双击桌面上 Access 2021 的快捷方式图标或以其他方式启动数据库
2	新建空白数据库	单击“新建”按钮，单击“空白数据库”图标，在文件名文本框中输入“酒店管理系统”，选择文件保存位置为“D：\ 酒店管理系统”
3	关闭数据库文件	将“酒店管理系统”数据库文件关闭

五、总结与评价

实训完成后，学生分组总结实训成果，分享完成实训过程的心得体会。总结结束后，可以从工具使用、软件操作、作品效果、成果展示等方面对实训任务进行评价，采用学生自评、学生互评、教师评价相结合的多元评价方式，见表 1–3。

表 1-3　实训评价

序号	评价要求	分值 / 分	学生自评（占比 30%）	学生互评（占比 30%）	教师评价（占比 40%）
1	对实训任务的分析是否准确到位	40			
2	软件运用是否熟练，操作是否得当	40			
3	“酒店管理系统”数据库是否创建成功	20			
综合得分		100			

六、实训拓展

利用 Access 2021 本地模板创建“任务管理系统”数据库。

七、知识巩固与提高

1. Access 2021 数据库文件的扩展名是（　　）。

A. .dbf　　B. .mdb　　C. .adp　　D. .accdb

2. 下列选项中，不属于 Access 2021 数据库对象的是（　　）。

A. 表　　B. 视图　　C. 查询　　D. 窗体

3. 创建 Access 2021 数据库有两种方法：第一种方法是先建立一个空数据库，然后向其中添加数据库对象；第二种方法是使用（　　）。

A. 数据库视图　　B. 数据库向导

C. 数据库模板　　D. 数据库导入

4. 在 Access 2021 中，对数据库对象进行组织和管理的工具是（　　）。

A. 工作区　　B. 命令选项卡

C. 导航窗格　　D. 数据库工具

5. 用户要创建一个名为“人力资源管理系统”的数据库，最快捷的方法是（　　）。

A. 通过数据库模板建立　　B. 通过数据表模板建立

C. 通过空数据库建立　　D. 以上选项均不对

6. 下列关于 Access 2021 数据库的叙述中，不正确的是（　　）。

A. Access 2021 数据库是指存储在 Access 2021 中的二维表格

B. Access 2021 数据库是以一个单独的数据库文件存储在磁盘中的

C. Access 2021 数据库包含表、查询、窗体、报表、宏及模块等对象

D. 可以使用 Access 2021 提供的模板创建数据库

7. 下列选项中，无法关闭数据库的操作是（　　）。

A. 单击 Access 2021 窗口右上角的“关闭”按钮

B. 单击 Access 2021 窗口右上角的“最小化”按钮

C. 使用键盘上的组合键 Alt+F4

D. 单击 Access 2021 窗口左上角的“控制”菜单图标，在弹出的快捷菜单中选择“关闭”命令

8. 在 Access 2021 窗口中选定对象，此时功能区上的“视图”显示为▦，单击该按钮，将进入该对象的（　　）视图。

A. 设计　　B. 数据表　　C. 预览　　D. 运行

项目二
数据表的创建及应用

实训任务　创建和管理数据表

一、实训任务

在已经创建的“酒店管理系统”数据库中，创建图 2–1、图 2–2 和图 2–3 所示的 3 个数据表，分别命名为“客户资料”“客房信息”“入住记录”。请根据以下要求，完成数据表的创建并进行管理。

客户资料

客户编号	姓名	性别	工作单位	职务	贵宾
KY1001	王慧	男	广州拓普有限公司	经理	☐
KY1002	张家聪	男	华南理工大学		☐
KY1003	欧阳爱国	男	厦门顺丰快递有限公司	总经理	☑
KY1004	黄洁	女	广州市政集团		☐
KY1005	黄俊	男	东莞国家税务局	局长	☐
KY1006	邱俊霖	男	广州美迪生物工程公司	董事长	☑
KY1007	黄兰香	女	深圳电力公司	副经理	☐
KY1008	邓敏	女	一棵树有限公司	总经理	☑
KY1009	袁雅婷	女	新东方教育集团	副总裁	☑
KY1010	申海军	男	广东省机械技师学院		☐

记录: 第 1 项(共 10 项)　无筛选器　搜索

图 2–1　“客户资料”表

客房信息

房号	房型	价目	可住人数
A101	商务套房	￥488	4
A102	豪华标准间	￥380	2
A103	标准间	￥260	2
B101	商务标准间	￥300	2
B102	标准间	￥260	2
B103	标准间	￥260	2
C101	普通三人间	￥180	3
C102	普通三人间	￥180	3
*		￥0	

记录: 第 1 项(共 8 项)　无筛选器　搜索

图 2–2　“客房信息”表

入住记录

客户编号	房号	入住时间	离店时间	预收金额	房金结帐	消费结帐	总帐
KY1001	B103	2022-03-08	2022-03-11	¥500	¥780	¥0	
KY1002	B102	2022-06-28		¥5,000	¥0	¥800	
KY1002	C101	2022-04-05	2022-04-08	¥300	¥540	¥0	
KY1003	A101	2022-05-08	2022-05-09	¥800	¥488	¥488	
KY1004	C102	2022-06-26	2022-06-28	¥2,000	¥900	¥1,500	
KY1005	B103	2022-05-18	2022-05-19	¥500	¥260	¥750	
KY1005	C102	2022-05-01		¥3,800	¥0	¥2,890	
KY1006	A103	2022-06-05	2022-06-08	¥1,000	¥780	¥585	
KY1007	B101	2022-05-15	2022-05-17	¥1,000	¥520	¥300	
KY1008	A102	2022-09-07	2022-09-09	¥500	¥760	¥180	
KY1009	B101	2022-09-25	2022-09-27	¥1,000	¥400	¥600	¥0
KY1010	C101	2022-09-06		¥550	¥0	¥0	¥0
				¥0	¥0	¥0	¥0

记录: 第 12 项(共 12 项) 无筛选器 搜索

图 2-3 “入住记录”表

打开“酒店管理系统”数据库，采用通过数据表创建表的方式来创建“客户资料”表，其结构见表 2-1。

表 2-1 “客户资料”表的结构

字段名称	数据类型	字段长度	其他设置
客户编号	短文本	6	主键，必须为 6 个字符
姓名	短文本	5	—
性别	短文本	1	性别设置为值列表字段，输入时可以从下拉列表中选择“男”或“女”
工作单位	短文本	15	—
职务	短文本	4	—
贵宾	是 / 否	—	显示控件为“复选框”

采用外部数据源（客房信息.xlsx）导入的方式创建“客房信息”表，具体要求如下。

1. 将“客房信息”表中的“房号”设置为主键。

2. 将“客房信息”表中的“价目”字段格式设置为“货币”，小数位数为 0，其“价目”不能为负数，否则报错。

采用表设计器创建图 2-3 所示的“入住记录”表，具体要求如下。

1. 将“入住记录”表中的“客户编号”和“房号”字段格式设置为“查阅”，分别引用“客户资料”表和“客房信息”表中对应的字段值。

2. 将“入住记录”表中所有的“账目”字段格式均设置为“货币”，保留整数位数。

3. 将 3 个表分别按合适的字段建立实施参照完整性的一对一或一对多关系。

二、任务分析

要完成本实训任务，应按照图 2-4 所示的思维导图复习教材中所学的知识点和技能点。

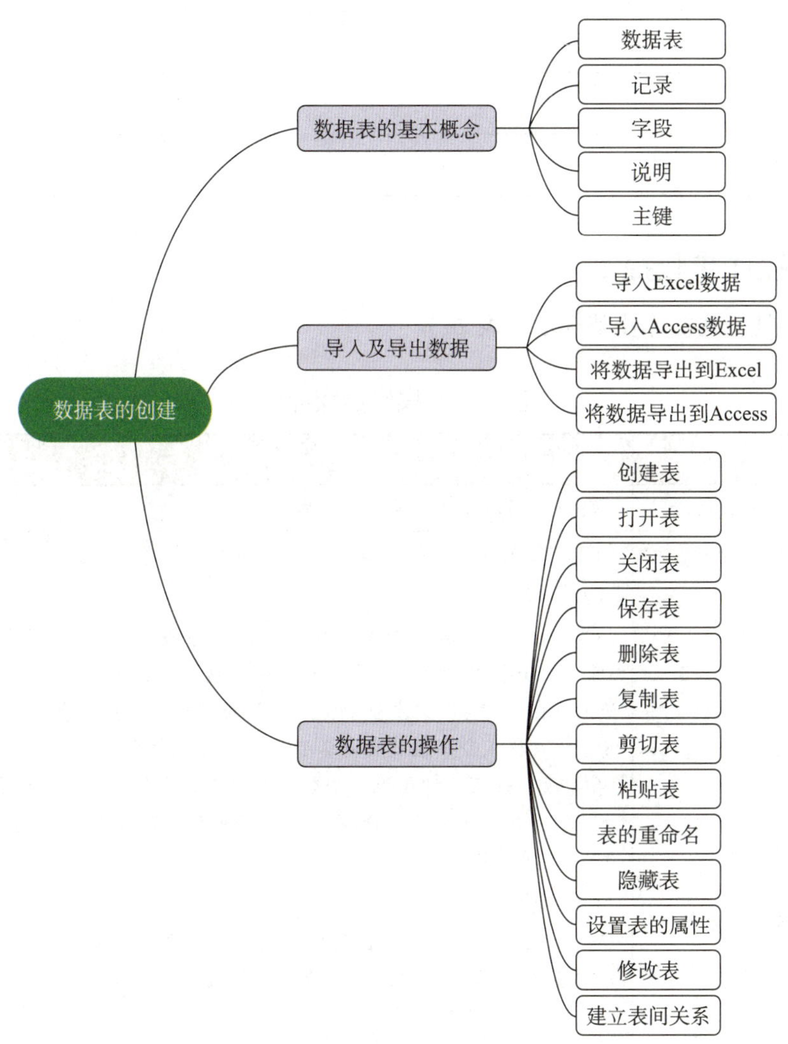

图 2-4　思维导图

本实训任务通过创建数据表，帮助学生了解数据表的基本功能，理解数据表的基本概念，能通过不同方法完成数据表的创建、管理等，能够进行记录的编辑、主键的设置、表关系的建立、外观的设计等操作。

三、计划制订

学生根据任务分析，自己制订完成本实训任务的实训计划，见表 2-2。

表 2-2 实训计划

序号	工作内容	所需时间

四、操作步骤提示

本实训任务的操作步骤提示见表 2-3。

表 2-3 操作步骤提示

序号	操作步骤	内容
1	打开数据库	打开“酒店管理系统”数据库
2	创建“客户资料”表	（1）在 Access 2021 窗口中，依次单击“创建”“表”按钮，创建名为“表 1”的新表 （2）创建客户编号字段，单击“ID”字段，在“表字段”选项卡的“属性”命令组中单击“名称和标题”按钮，弹出“输入字段属性”对话框，在“名称”文本框中将“ID”修改为“客户编号”，单击“确定”按钮；在格式命令组“数据类型”下拉菜单中选择“短文本”选项，在“表字段”选项卡“属性”命令组“字段大小”文本框中设置字段大小为“6”；在“表字段”选项卡“字段验证”命令组中勾选“必需”和“唯一”单选框 （3）创建“姓名”字段，选择第 2 列字段位置，单击“单击以添加”下拉按钮，在弹出的下拉菜单中选择“短文本”选项，修改“字段 1”为“姓名”，在“表字段”选项卡“属性”命令组“字段大小”文本框中设置字段大小为“5” （4）创建“性别”字段，选择第 3 列字段位置，单击“单击以添加”下拉按钮，在弹出的下拉菜单中选择“查阅和关系”选项，弹出“查阅向导”对话框，选择“自行键入所需的值”选项，单击“下一步”按钮，在出现的界面中填入需要设置的列值“男”“女”；单击“下一步”按钮，在出现的界面中设置该值列表的标签为“性别”，单击“完成”按钮 （5）创建“工作单位”和“职务”字段，参照创建“姓名”字段的步骤，分别在第 4 列和第 5 列按照题目要求完成这两个字段的创建

续表

序号	操作步骤	内容
2	创建“客户资料”表	（6）创建“贵宾”字段，选择第 6 列字段位置，单击“单击以添加”下拉按钮，在弹出的下拉菜单中选择“是 / 否”选项，修改“字段 1”为“贵宾”，完成创建 （7）完成图 2-1 所示相关数据的输入，单击“保存”按钮，在弹出的“另存为”对话框中，输入表名称为“客户资料”
3	创建“客房信息”表	（1）单击“外部数据”选项卡，在“导入并链接”命令组“新的数据源”下拉菜单中依次选择“从文件”“Excel”选项，弹出“获取外部数据 -Excel 电子表格”对话框 （2）单击“浏览”按钮，选择要导入的文件“客房信息 .xlxs”，单击“打开”按钮，选择“将源数据导入当前数据新表中”单选按钮，单击“确定”按钮 （3）勾选“第一行包含列标题”复选框，单击“下一步”按钮，在字段选项中分别设置第一个字段的“名称”“数据类型”“索引”，单击“下一步”按钮，选择“我自己选择主键”，在下拉列表中选择“房号”选项，完成该表主键设置 （4）采用同样方法，将其他 3 个字段均设置为默认值，单击“下一步”按钮 （5）在“导入到表”文本框中输入“客房信息”，单击“完成”按钮 （6）单击“客房信息”表，切换到“设计视图”，找到“价目”字段，在“数据类型”中选择“货币”选项，在“常规”选项卡中将“小数位数”设置为“0”，在“验证规则”文本框中输入“>0”，在“验证文本”文本框中输入“不能为负数，否则报错”，保存该表
4	创建“入住记录”表	（1）根据“入住记录”表的内容分析其结构，尤其是各个字段的基本属性和数据特点 （2）单击“创建”选项卡，然后单击“表格”命令组中的“表设计”按钮，打开表设计器 （3）设置“客户编号”字段，单击“字段名称”列的第一行，输入字段名称为“客户编号”，设置数据类型为“查阅向导”，在弹出的“查阅向导”对话框中选择“使用查阅字段获取其他表或查询的值”单选按钮，单击“下一步”按钮，选择“客户资料”表作为数据来源，单击“下一步”按钮，在“可用字段”列表框中选择“客户编号”作为查阅字段的数据源，选择“客户编号”作为排序依据，指定查阅列的宽度，为查阅列指定“客户编号”为默认标签，单击“完成”按钮 （4）设置“房号”字段，步骤与设置“客户编号”类似，只是数据来源选择“客房信息”表，“房号”为查询字段的数据源和排序依据 （5）其他字段设置，在“字段名称”“数据类型”“说明”栏对每个字段分别进行设置，其中所有“账目”字段包括“预售金额”“房金结账”

续表

序号	操作步骤	内容
4	创建“入住记录”表	“消费结账”“总账”这 4 个字段，将字段类型设置为“货币”，在“常规”选项卡中将“小数位数”设置为“0” （6）选择“客户编号”和“房号”字段，并设置为主键 （7）切换至“数据表视图”，完成数据录入，并保存该表
5	建立表关系	（1）关闭所有的表，单击“数据库工具”选项卡，然后单击“关系”命令组中的“关系”按钮，打开“关系”窗口 （2）建立“客户资料”表和“入住记录”表的关系，在“关系”窗口中选择“客户资料”表中的“客户编号”字段，将其拖曳至“入住记录”表的“客户编号”上，弹出“编辑关系”对话框，选中“实施参照完整性”和“级联更新相关字段”复选框，单击“确定”按钮，关系创建完成 （3）使用相同方法，以“房号”为连接字段，设置“客房信息”表和“入住记录”表之间的关系

五、总结与评价

实训完成后，学生分组总结实训成果，分享完成实训过程的心得体会。总结结束后，可以从工具使用、软件操作、作品效果、成果展示等方面对实训任务进行评价，采用学生自评、学生互评、教师评价相结合的多元评价方式，见表 2–4。

表 2–4　实训评价

序号	评价要求	分值 / 分	学生自评（占比 30%）	学生互评（占比 30%）	教师评价（占比 40%）
1	对实训任务的分析是否准确到位	10			
2	软件运用是否熟练，操作得当	10			
3	“客户资料”表是否创建成功，字段设置及数据输入是否正确	20			
4	“客房信息”表是否创建成功，字段设置及数据输入是否正确	20			
5	“入住记录”表是否创建成功，字段设置及数据输入是否正确	20			
6	表之间的关系是否创建正确	10			
7	表格布局是否合理，设计是否美观	10			
综合得分		100			

六、实训拓展

1. 打开已经创建的“酒店管理系统”数据库，通过复制“客房信息”表创建“客房信息 _ 格式化”表。

2. 调整“客房信息 _ 格式化”表的外观，其效果如图 2–5 所示，具体要求如下。

（1）设置字体为“宋体”，字号为“13”。

（2）设置背景色为“绿色”，添加网格，网格颜色为“褐色”。

（3）设置文本为“对齐居中”。

（4）设置行高为“17”，字段列宽为自动匹配。

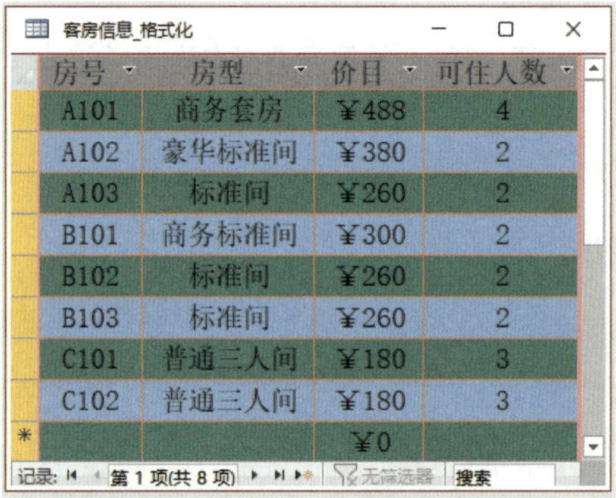

客房信息_格式化

房号	房型	价目	可住人数
A101	商务套房	¥488	4
A102	豪华标准间	¥380	2
A103	标准间	¥260	2
B101	商务标准间	¥300	2
B102	标准间	¥260	2
B103	标准间	¥260	2
C101	普通三人间	¥180	3
C102	普通三人间	¥180	3
*		¥0	

记录：第 1 项(共 8 项)　无筛选器　搜索

图 2–5　“客房信息 _ 格式化”表效果

3. 按“价目”对“客房信息 _ 格式化”表进行排序，排序效果如图 2–6 所示。

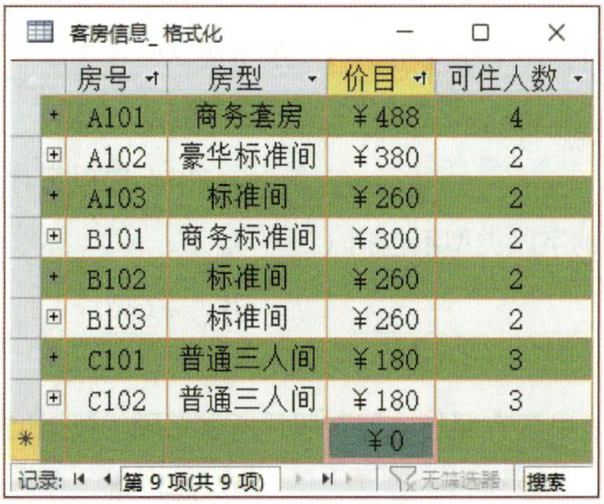

客房信息_ 格式化

房号	房型	价目	可住人数
A101	商务套房	¥488	4
A102	豪华标准间	¥380	2
A103	标准间	¥260	2
B101	商务标准间	¥300	2
B102	标准间	¥260	2
B103	标准间	¥260	2
C101	普通三人间	¥180	3
C102	普通三人间	¥180	3
*		¥0	

记录：第 9 项(共 9 项)　无筛选器　搜索

图 2–6　排序效果

4. 筛选“标准间”房型的客房信息，筛选结果如图 2-7 所示。

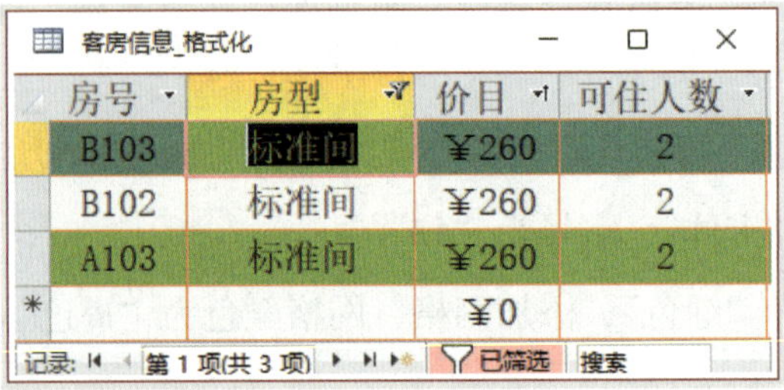

客房信息_格式化

房号	房型	价目	可住人数
B103	标准间	¥260	2
B102	标准间	¥260	2
A103	标准间	¥260	2
*		¥0	

记录: 第 1 项(共 3 项) 已筛选 搜索

图 2-7 筛选结果

七、知识巩固与提高

1. 若在表中创建“简历”字段，其数据类型应为（　　）。

A. 短文本　　B. 数字

C. 日期 / 时间　　D. 长文本

2. 表的组成内容包括（　　）。

A. 查询和字段　　B. 字段和记录

C. 记录和窗体　　D. 报表和字段

3. 创建新表时，（　　）来创建表的结构。

A. 直接输入数据

B. 使用表设计器

C. 通过获取外部数据（导入表、链接表等）

D. 使用向导

4. 创建表的结构时，一个字段由（　　）组成。

A. 字段名称　　B. 数据类型

C. 字段属性　　D. 以上选项都对

5. Access 2021 表的字段类型不包括（　　）。

A. 短文本型　　B. 数字型

C. 货币型　　D. 窗口型

6. 如果一个数据表中含有照片，那么照片所在字段的数据类型通常为（　　）型。

A. OLE 对象　　B. 超链接

C. 查阅向导　　D. 长文本

7. 在 Access 2021 表中，（　　）不可以被定义为主键。

A. 自动编号　　B. 单字段

C. 多字段　　D. OLE 对象命令

8. (　　) 能够唯一标识表中每条记录的字段，它可以是一个字段，也可以是多个字段。

A. 索引　　B. 关键字

C. 主关键字　　D. 次关键字

9. 长文本数据类型最多为 (　　) 个字符。

A. 250　　B. 256

C. 64 000　　D. 65 536

10. 在 Access 2021 中，表和数据库的关系是 (　　)。

A. 一个数据库可以包含多个表　　B. 一个表只能包含两个数据库

C. 一个表可以包含多个数据库　　D. 一个数据库只能包含一个表

项目三
查询的创建及应用

实训任务　设计和创建查询

一、实训任务

本实训任务将设计和创建各种查询，从而方便、快捷地在“酒店管理系统”中检索出用户所需的数据，具体任务如下。

1. 使用“客房信息”表，利用简单查询功能查询所有客房信息的记录，并将结果保存为“客房信息 _ 简单查询”。

2. 使用“客房信息”表，利用交叉表查询功能查找不同“可住人数”房型的价目平均值信息，并将结果保存为“客房信息 _ 交叉表查询”。

3. 使用“客房信息”表，利用查找重复项查询功能查找“价目”相同的客房信息，并将结果保存为“查找客房信息 _ 重复项查询”。

4. 使用“客房信息”表，查找价目为“260”的记录，设计相应查询并运行，将结果保存为“房价为 260 的客房信息查询”。

5. 使用 SQL 命令，查询房型为“标准间”的客房记录。

6. 使用 SQL 命令，创建“房价在 260 ~ 380 的标间”查询，查看所有指定价格区间房型为“标准间”的客房信息。

7. 创建“生成表”查询，查找客户性别为“男”的客户资料记录，生成新表并命名为“生成表查询 _ 男客户资料”。

8. 创建“更新”查询，将客户编号为“KY1002”的客户工作单位由“华南理工大学”更新为“中山大学”，并将查询结果保存为“更新查询 _ 男客户资料”。

9. 创建“所有客户的信息”查询，包含“客户资料”表和“入住记录”表中所有字段的内容。

二、任务分析

要完成本实训任务，应按照图 3-1 所示的思维导图复习教材中所学的知识点和技能点。

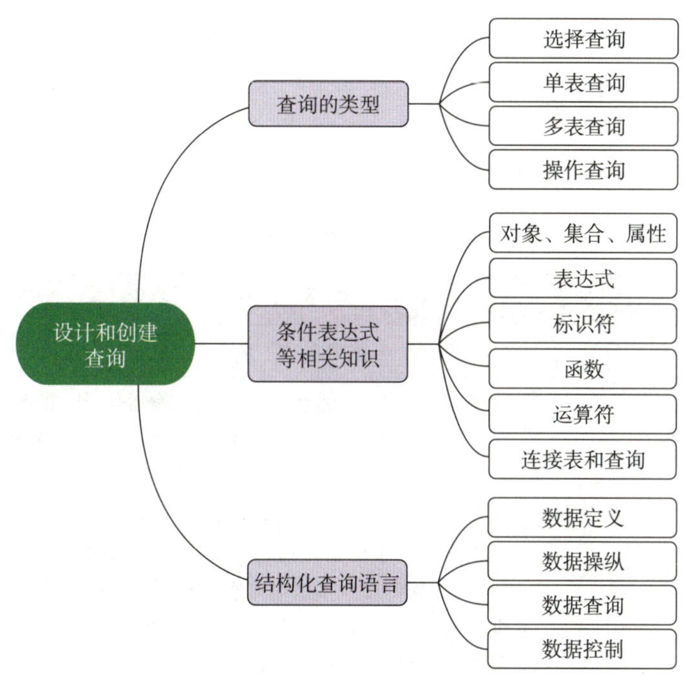

图 3-1　思维导图

本实训任务通过设计和创建各种查询，帮助学生理解查询的概念以及查询的基本功能，让学生掌握利用简单查询向导和查询设计视图创建无条件和有条件的选择查询的方法，掌握参数查询、SQL 查询、多表查询的创建方法，掌握查询设计视图的使用方法，设计和创建满足条件的查询。

三、计划制订

学生根据任务分析，自己制订完成本实训任务的实训计划，见表 3-1。

表 3-1　实训计划

序号	工作内容	所需时间

续表

序号	工作内容	所需时间

四、操作步骤提示

本实训任务的操作步骤提示见表 3–2。

表 3–2 操作步骤提示

序号	操作步骤	内容
1	打开数据库	打开“酒店管理系统”数据库
2	创建“客房信息_简单查询”	在“创建”选项卡的“查询”命令组中单击“查询向导”按钮，弹出“新建查询”对话框，选择“简单查询向导”选项，单击“确定”按钮，弹出“简单查询向导”对话框，在“表/查询”下拉菜单中选择“表：客房信息”选项，从“可用字段”列表中选择将所有字段添加到“选定字段”，单击“下一步”按钮，选择“明细（显示每个记录的每个字段）”选项，单击“下一步”按钮，为查询指定标题为“客房信息_简单查询”，选择“打开查询查看信息”选项，单击“完成”按钮
3	创建“客房信息_交叉表查询”	在“创建”选项卡的“查询”命令组中单击“查询向导”按钮，弹出“新建查询”对话框，选择“交叉表查询向导”选项，单击“确定”按钮，弹出“交叉表查询向导”对话框，选择“表：客房信息”选项，单击“下一步”按钮，在“可用字段”列表中选定“可住人数”作为交叉表的行标题，单击“下一步”按钮，在“可用字段”列表中选定“房型”作为交叉表的列标题，单击“下一步”按钮，选定字段为“价目”，函数为“平均”，单击“下一步”按钮，为查询指定标题为“客房信息_交叉表查询”，并选择“查看查询”选项，单击“完成”按钮
4	创建“查找客房信息_重复项查询”	在“创建”选项卡的“查询”命令组中单击“查询向导”按钮，弹出“新建查询”对话框，选择“查找重复项查询向导”选项，单击“确定”按钮，弹出“查找重复项查询向导”对话框，选择“表：客房信息”，单击“下一步”按钮，双击“可用字段”列表框中“价目”字段，将其添加到“重复值字段”列表框中，单击“下一步”按钮，在“可用字段”列表中选定“房号”“房型”“可住人数”选项，将其添加到“另外的查询字段”列表框中，单击“下一步”按钮，为查询指定标题为“查找客房信息_重复项查询”，并选择“查看结果”选项，单击“完成”按钮

续表

序号	操作步骤	内容
5	创建“房价为260的客房信息查询”	单击“创建”选项卡“查询”命令组中的“查询设计”按钮，打开查询“设计视图”，将“客房信息”表添加到查询“设计视图”的“字段列表区”作为查询数据源，将该表中所有字段添加到下方的设计区中，在设计区中“价目”字段下面的“条件”文本框中输入“260”，单击“运行”按钮，将查询保存为“房价为260的客房信息查询”
6	使用SQL命令，查询房型为“标准间”的客房记录	单击“创建”选项卡“查询”命令组中的“查询设计”按钮，打开查询“设计视图”，切换至“SQL视图”，输入命令“SELECT 客房信息.房号,客房信息.房型,客房信息.价目,客房信息.可住人数 FROM 客房信息 WHERE (((客房信息.房型)="标准间"));”，单击“运行”按钮，保存为“房型为标准间的客房记录查询”
7	创建并查看“房价在260~380的标间”查询	单击“创建”选项卡“查询”命令组中的“查询设计”按钮，打开查询“设计视图”，切换至“SQL视图”，输入命令“SELECT 客房信息.*FROM 客房信息 WHERE (((客房信息.房型) Like "*标准间*") AND ((客房信息.价目) Between 260 And 380));”，单击“运行”按钮，保存为“房价在260~380的标间”查询
8	创建“生成表”查询	单击“创建”选项卡“查询”命令组中的“查询设计”按钮，打开查询“设计视图”，单击“查询设计”选项卡“查询类型”命令组中的“生成表”按钮，在弹出的“生成表”对话框中输入生成新表的名称“生成表查询_男客户资料”，选择目标数据库为“当前数据库”，切换至“SQL视图”，输入命令“SELECT 客户资料.客户编号,客户资料.姓名,客户资料.性别,客户资料.工作单位,客户资料.职务 INTO 生成表查询_男客户资料 FROM 客户资料 WHERE (((客户资料.性别)="男"));”，单击保存查询名为“生成表查询_男客户资料查询”，单击“运行”按钮，生成一个“生成表查询_男客户资料”表
9	创建“更新”查询	在“创建”选项卡中单击“查询”命令组中的“查询设计”按钮，单击“查询设计”选项卡“查询类型”命令组中的“更新”按钮，在设计区添加表“生成表查询_男客户资料”，单击“确定”按钮，切换至“SQL视图”，输入命令“UPDATE 生成表查询_男客户资料 SET 工作单位="中山大学" WHERE ((客户编号)="KY1002");”，保存查询名为“更新查询_男客户资料”，单击“运行”按钮，完成操作，可以打开“客户资料”表查看相关信息是否完成更新

续表

序号	操作步骤	内容
10	创建“所有客户的信息”查询	单击“创建”选项卡“查询”命令组中的“查询设计”按钮，将“客户资料”表和“入住记录”表添加到“设计视图”窗口的上方，由于前面操作已经建立了关系，这里无须进行建立关系操作，将“客户资料”表中所有字段和“入住记录”表中除“客户编号”以外的所有字段添加到下方的设计区中，单击“运行”按钮，保存查询名为“所有客户的信息”

五、总结与评价

实训完成后，学生分组总结实训成果，分享完成实训过程的心得体会。总结结束后，可以从工具使用、软件操作、作品效果、成果展示等方面对实训任务进行评价，采用学生自评、学生互评、教师评价相结合的多元评价方式，见表 3–3。

表 3–3　实训评价

序号	评价要求	分值 / 分	学生自评（占比 30%）	学生互评（占比 30%）	教师评价（占比 40%）
1	对实训任务的分析是否准确到位	15			
2	软件运用是否熟练，操作是否得当	15			
3	数据库窗口中的 9 个查询是否创建成功	15			
4	数据库窗口中的“生成表查询_男客户资料”表是否创建成功，数据是否正确	20			
5	查询运行结果是否正确	35			
综合得分		100			

六、实训拓展

1. 建立“2022 年 5 月入住信息”查询，以查看所有 2022 年 5 月的入住记录。

2. 以前面建立的“所有客户的信息”查询为数据源，创建“查看入住天数”查询，创建新字段“入住天数”，以查看客户入住天数的信息。

3. 创建“多次入住的客户”查询，查看多次入住酒店客户的“客户编号”“姓名”和“入住时间”等信息。

4. 创建“黄先生客户信息”查询，查看姓黄先生的入住信息。

5. 创建“根据客户编号查询住宿信息”查询，实现输入客户编号，即可查看该客户的入住信息。

七、知识巩固与提高

1. 在 Access 2021 数据库的表“设计视图”中，不能进行的操作是（　　）。

A. 设置主键　　B. 删除记录

C. 增加字段　　D. 修改字段类型

2. Access 2021 查询中的数据源不能是（　　）。

A. 表　　B. 查询

C. 报表　　D. 一条 SQL 命令

3. 已知在成绩表中有数字类型的“成绩”字段，要查找 80≤成绩≤90 的学生，正确的条件表达式是（　　）。

A. [成绩] Between 80 And 90　　B. [成绩] Between 80 To 90

C. 80≤ [成绩] ≤90　　D. [成绩] In (80, 90)

4. 在 Access 2021 中，查询的视图有 3 种，其中不包括（　　）视图。

A. 设计　　B. 数据表

C. SQL　　D. 普通

5. 下列关于查询的叙述中，正确的是（　　）。

A. 只能根据数据表创建查询

B. 可以根据数据表和已建查询来创建查询

C. 只能根据已建查询创建查询

D. 不能根据已建查询创建查询

6.“利用查询得到的结果可以创建一个新表”体现了查询的（　　）功能。

A. 选择字段　　B. 创建新表

C. 选择记录　　D. 编辑记录

7. 下列选项中，不属于特殊运算符的是（　　）。

A. In　　B. Like

C. Between　　D. Int

8. 在 Access 2021 中，Between 的含义是（　　）。

A. 用于指定一个字段值的列表，列表中的任意一个值都可与查询的字段相匹配

B. 用于指定一个字段值的范围，指定的范围之间用 And 连接

C. 用于指定查找文本字段的字符模式

D. 用于指定一个字段为空

9. 创建参数查询时，在查询“设计视图”的“添加”行中，应将参数提示文本放置在（　　）中。

A. { }　　B. ( )

C. [ ]　　D. < >

10. 将“教师信息”表中电商系 2022 年以前参加工作教师的“职称”改为“副教授”，合适的查询是（　　）查询。

A. 生成表　　B. 更新

C. 删除　　D. 追加

项目四
窗体的创建及应用

实训任务　设计和制作窗体

一、实训任务

本实训任务将设计和制作窗体，从而实现显示、输入和编辑数据等功能，具体任务如下。

1. 以“客房信息”表为数据源，使用“窗体”按钮创建图 4–1 所示的客房信息纵览式窗体。

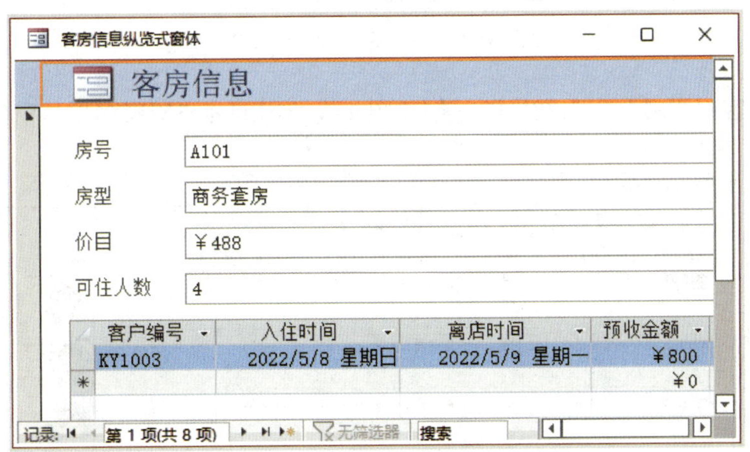

图 4-1　客房信息纵览式窗体

2. 以“客房信息”表为数据源，使用“窗体向导”创建图 4–2 所示的客房信息表格式窗体。

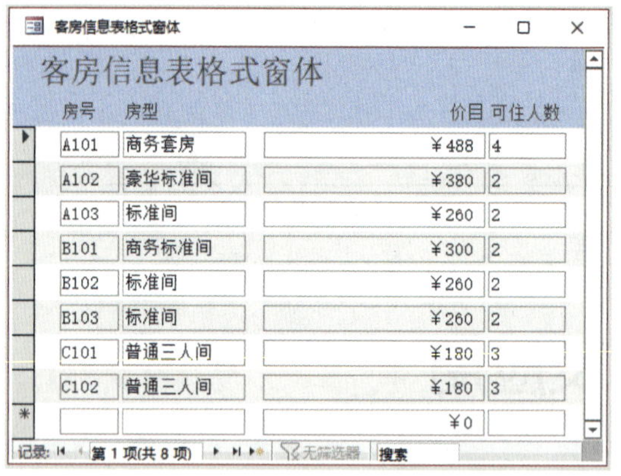

图 4-2 客房信息表格式窗体

3. 以“客房信息”表为数据源，使用“窗体向导”创建图 4-3 所示的客房信息数据表窗体。

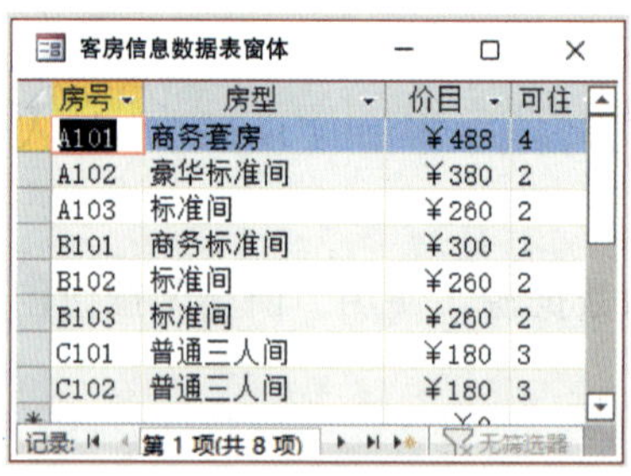

图 4-3 客房信息数据表窗体

4. 以“客户资料”表为数据源，创建图 4-4 所示的客户资料多项目窗体。

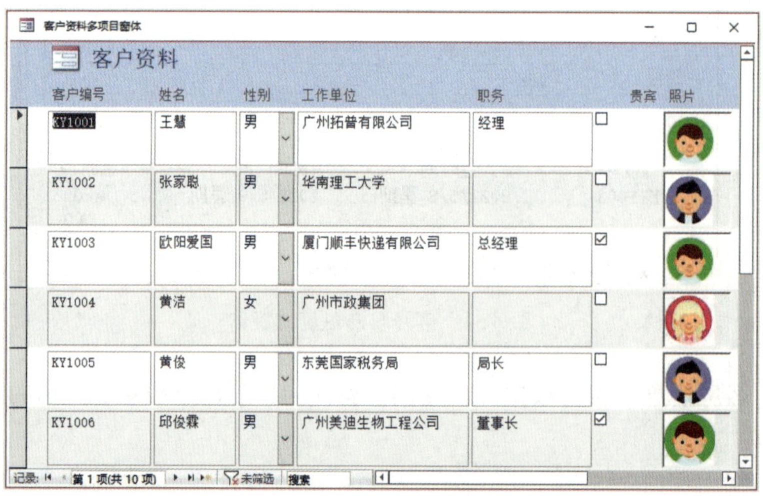

图 4-4 客户资料多项目窗体

5. 以“客户资料”表为数据源，创建图 4–5 所示的客户资料分割窗体。

客户资料分割窗体

客户资料多项目窗体

客户编号 KY1001　职务 经理
姓名 王慧　贵宾
性别 男　照片
工作单位 广州拓普有限公司

客户编号	姓名	性别	工作单位	职务	贵宾	照片
KY1001	王慧	男	广州拓普有限公司	经理	☐	Bitmap Imag
KY1002	张家聪	男	华南理工大学		☐	Bitmap Imag
KY1003	欧阳爱国	男	厦门顺丰快递有限公司	总经理	☑	Bitmap Imag
KY1004	黄洁	女	广州市政集团		☐	Bitmap Imag
KY1005	黄俊	男	东莞国家税务局	局长	☐	Bitmap Imag
KY1006	邱俊霖	男	广州美迪生物工程公司	董事长	☑	Bitmap Imag
KY1007	黄兰香	女	深圳电力公司	副经理	☐	Bitmap Imag
KY1008	邓敏	女	一棵树有限公司	总经理	☑	Bitmap Imag
KY1009	袁雅婷	女	新东方教育集团	副总裁	☑	Bitmap Imag
KY1010	申海军	男	广东省机械技师学院		☐	Bitmap Imag

记录: 第 1 项(共 10 项)　未筛选　搜索

图 4–5　客户资料分割窗体

6. 以“生成表查询 _ 男客户资料”表为数据源，使用“空白窗体”创建图 4–6 所示的男客户资料窗体。

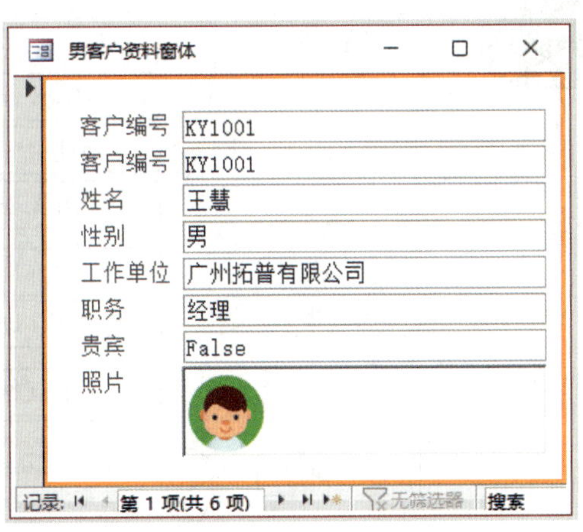

图 4–6　男客户资料窗体

7. 以“客户资料”表为数据源，使用“窗体设计”创建图 4–7 所示的客户资料窗体。

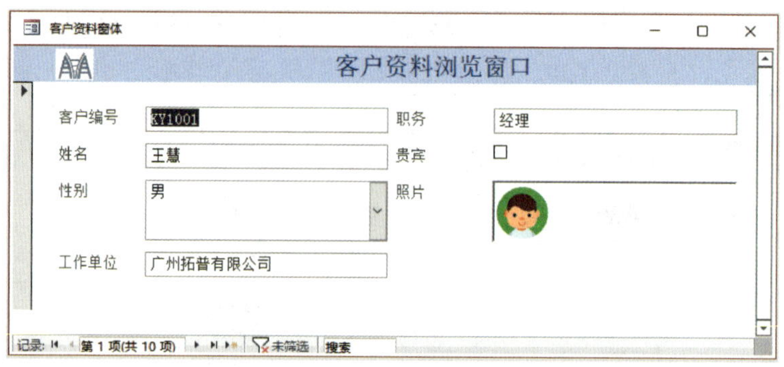

图 4-7　客户资料窗体

二、任务分析

要完成本实训任务，应按照图 4-8 所示的思维导图复习教材中所学的知识点和技能点。

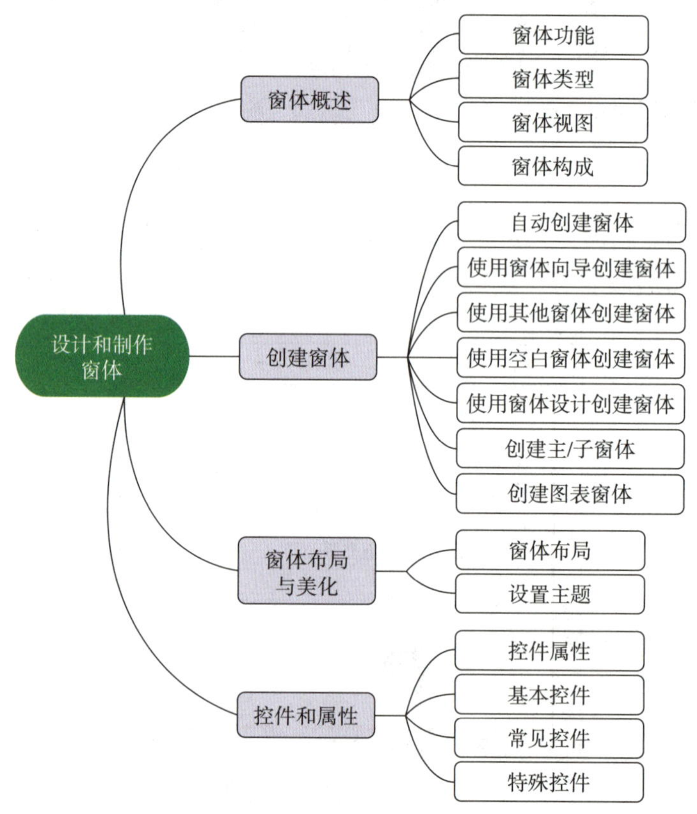

图 4-8　思维导图

本实训任务通过“酒店管理系统”数据库所提供的表和查询，为数据源创建和设计常用的窗体，重点在于帮助学生掌握创建和设计窗体的技巧，理解各种不同类型窗体的特征和功能。

三、计划制订

学生根据任务分析，自己制订完成本实训任务的实训计划，见表 4–1。

表 4–1　实训计划

序号	工作内容	所需时间

四、操作步骤提示

本实训任务的操作步骤提示见表 4–2。

表 4–2　操作步骤提示

序号	操作步骤	内容
1	打开数据库	打开“酒店管理系统”数据库
2	自动创建“客房信息纵览式窗体”	（1）在导航窗格中选择“表”对象列表中的“客房信息”表作为窗体的数据源 （2）在“创建”选项卡的“窗体”命令组中单击“窗体”按钮，快速创建图 4–1 所示的窗体 （3）单击快速访问工具栏中的“保存”按钮，在弹出的“另存为”对话框中，以“客房信息纵览式窗体”为名保存窗体
3	使用窗体向导创建“客房信息表格式窗体”	（1）在“创建”选项卡的“窗体”命令组中单击“窗体向导”按钮，弹出“窗体向导”对话框 （2）添加窗体所需要的字段，从“表 / 查询”下拉列表中选择“客房信息”表，在“可用字段”选中所有字段添加到右边的“选定字段”，单击“下一步”按钮，指定窗体布局为“表格” （3）单击“下一步”按钮，在“请为窗体指定标题”文本框中输入窗体标题为“客房信息表格式窗体”，然后选中“打开窗体查看或输入信息”单选框，单击“完成”按钮
4	创建“客房信息数据表窗体”	步骤与创建客房信息表格式窗体大致相同，只是在指定窗体布局时选择“数据表”选项，在“请为窗体指定标题”的文本框中输入“客房信息数据表窗体”即可

续表

序号	操作步骤	内容
5	创建“客户资料多项目窗体”	（1）在导航窗格中选择“表”对象列表中的“客户资料”表作为窗体的数据源 （2）在“创建”选项卡的“窗体”命令组中单击“其他窗体”按钮，在下拉菜单中选择“多个项目”选项，快速创建图 4-4 所示的窗体 （3）单击快速访问工具栏中的“保存”按钮，在弹出的“另存为”对话框中，以“客户资料多项目窗体”为名保存窗体
6	创建“客户资料分割窗体”	（1）在导航窗格中选择“表”对象列表中的“客户资料”表作为窗体的数据源 （2）在“创建”选项卡的“窗体”命令组中单击“其他窗体”按钮，在下拉菜单中选择“分割窗体”选项，快速创建图 4-5 所示的窗体 （3）单击快速访问工具栏中的“保存”按钮，在弹出的“另存为”对话框中，以“客户资料分割窗体”为名保存窗体
7	使用“空白窗体”创建“男客户资料窗体”	（1）在“创建”选项卡的“窗体”命令组中单击“空白窗体”按钮，打开空白窗体布局视图及字段列表窗格 （2）单击右侧“字段列表”中的“显示所有表”命令，显示当前数据库包含的表 （3）单击“生成表查询_男客户资料”表前面的⊞按钮，展开该表包含的字段 （4）依次双击“生成表查询_男客户资料”中的“客户编号”等字段，这些字段被添加到空白窗体中，此时窗体显示该表第一条记录 （5）单击快速访问工具栏中的“保存”按钮，在弹出的“另存为”对话框中，以“男客户资料窗体”为名保存窗体
8	使用“窗体设计”创建“客户资料窗体”	（1）在导航窗格中选择“表”对象列表中的“客户资料”表作为窗体的数据源，在“创建”选项卡的“窗体”命令组中单击“窗体”按钮，新建一个窗体，保存并命名为“客户资料窗体” （2）选中该窗体并右击，在弹出的快捷菜单中选择“设计视图”命令，切换至“客户资料窗体”的设计界面 （3）双击“客户资料”文本框，修改为“客户资料浏览窗口”，调整到居中显示 （4）选择窗体“徽标”，在“表单设计”选项卡的“工具”命令组中单击“属性表”选项，单击“属性表”窗口的“格式”选项卡，在“图片”属性中选择对应路径并命名为“商务酒店徽标.bmp”，将“缩放模式”设置为“缩放” （5）切换至“窗体视图”，查看效果，单击“保存”按钮进行保存

五、总结与评价

实训完成后，学生分组总结实训成果，分享完成实训过程的心得体会。总结结束后，可以从工具使用、软件操作、作品效果、成果展示等方面对实训任务进行评价，采用学生自评、学生互评、教师评价相结合的多元评价方式，见表 4–3。

表 4–3　实训评价

序号	评价要求	分值 / 分	学生自评（占比 30%）	学生互评（占比 30%）	教师评价（占比 40%）
1	对实训任务的分析是否准确到位	15			
2	任务规定的 7 个窗体是否创建成功	30			
3	窗体操作结果与任务提供的效果图是否一致	30			
4	任务操作是否熟练，时间分配是否合理	25			
综合得分		100			

六、实训拓展

1. 使用“窗体向导”创建主 / 子窗体，显示所有客户的“客户编号”“姓名”“性别”“工作单位”“职务”“贵宾”“入住时间”“离店时间”“预收金额”等字段，将主窗体命名为“客户”，子窗体命名为“入住信息”，如图 4–9 所示。

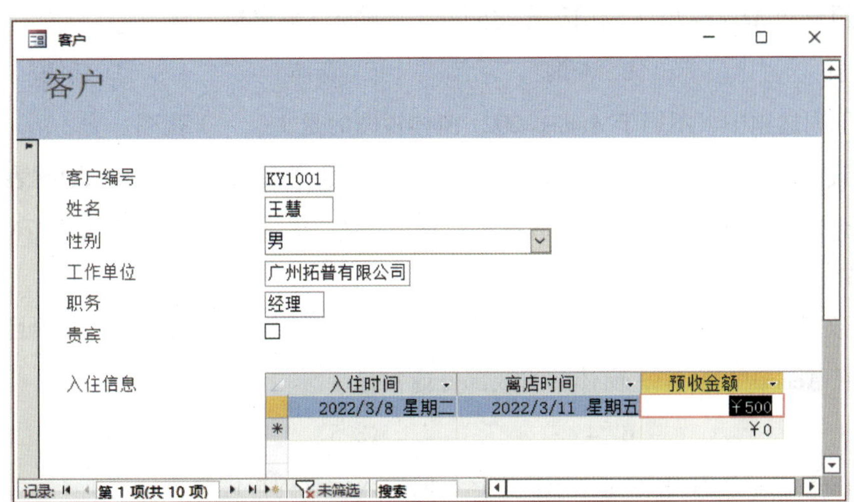

图 4–9　客户 / 入住信息窗体

2. 以“客房信息 _ 交叉表查询”为数据源，用“图表向导”选择适当的图表创建一个图表窗体，显示不同可住人数之客房价平均值，将窗体命名为“不同可住人数房价之平均值”，如图 4-10 所示。

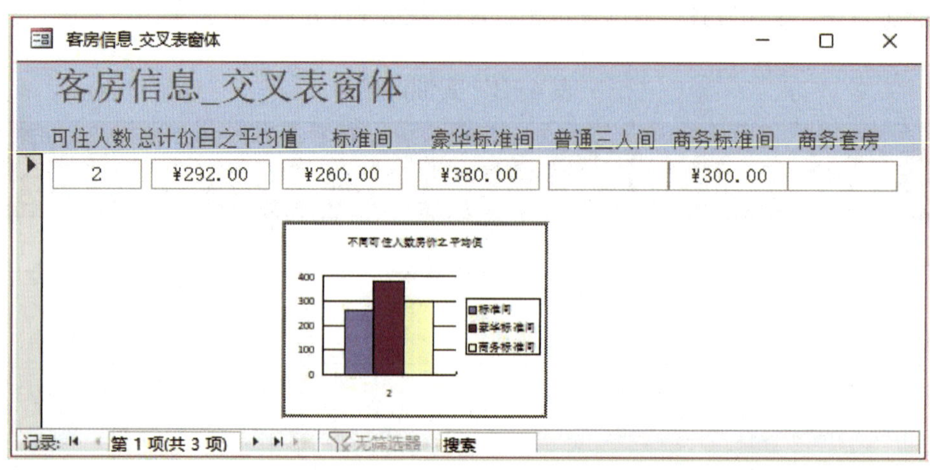

图 4-10　不同可住人数房价之平均值窗体

七、知识巩固与提高

1. 如果要在窗体上每次只显示一条记录，应该创建（　　）式窗体。

A. 纵览　　B. 表格　　C. 图表　　D. 数据表

2. 用于显示窗体的标题和说明、打开相关窗体或运行某些命令的控件应该放在窗体的（　　）位置。

A. 窗体页眉　　B. 主体　　C. 页面页脚　　D. 页面页眉

3. 用户和 Access 2021 应用程序之间的主要输入 / 输出接口是（　　）。

A. 表　　B. 查询　　C. 窗体　　D. 报表

4. 下列选项中，不属于 Access 2021 窗体视图的是（　　）视图。

A. 设计　　B. 布局　　C. 数据图　　D. 数据表

5. 允许用户对窗体表格内的数据进行拖曳操作，以满足不同的数据分析和要求的窗体类型是（　　）窗体。

A. 数据表　　B. 数据透视表　　C. 分割　　D. 多项目

6. 在 Access 2021 中，窗体的组成部分通常是（　　）个。

A. 3　　B. 4　　C. 5　　D. 6

7. 在 Access 2021 中，允许用户在运行时输入信息的控件是（　　）。

A. 文本框　　B. 标签　　C. 列表框　　D. 绑定对象框

8. 下列选项中，关于窗体的说法不正确的是（　　）。

A. 窗体可用作自定义对话框，以支持用户的输入及根据输入项执行操作

B. 可以利用表或查询作为表的数据源来创建一个数据输入窗体

C. 可以将窗体用作切换面板，打开数据库中的其他窗体和报表

D. 在窗体的数据表视图中不能修改记录

9.（　　）不属于 Access 2021 窗体的数据来源。

A. 表　　B. 查询　　C. SQL 语句　　D. 信息

10. 下列窗体中不可以通过“窗体向导”创建的是（　　）窗体。

A. 纵栏　　B. 表格　　C. 图表　　D. 数据表

11. 在一个窗体中显示多条记录内容的是（　　）窗体。

A. 纵栏　　B. 图表　　C. 表格　　D. 数据透视表

12. 用于创建和修改窗体的是（　　）视图。

A. 设计　　B. 窗体　　C. 数据表　　D. 数据透视表

项目五
报表的创建及应用

实训任务　设计和制作报表

一、实训任务

在酒店的日常管理中，经常要进行制作和打印报表等数据管理工作，平时不仅需要制作简单的表格式报表，还经常需要对酒店的各项数据进行统计、汇总和分析，再将结果以美观、实用的格式打印出来。本任务将设计和制作报表，从而满足酒店经营管理的需要，具体任务如下。

1. 以“客房信息”表为数据源，使用“报表”按钮自动创建图 5-1 所示的客房信息表格式报表。

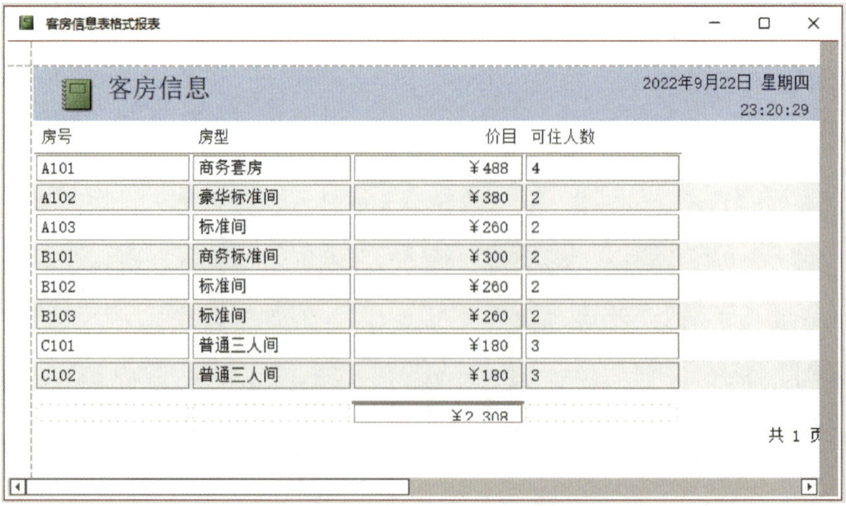

客房信息表格式报表

客房信息　　2022年9月22日 星期四 23:20:29

房号	房型	价目	可住人数
A101	商务套房	¥488	4
A102	豪华标准间	¥380	2
A103	标准间	¥260	2
B101	商务标准间	¥300	2
B102	标准间	¥260	2
B103	标准间	¥260	2
C101	普通三人间	¥180	3
C102	普通三人间	¥180	3
		¥2,308	

共 1 页

图 5-1　客房信息表格式报表

2. 使用“空报表”工具创建图 5–2 所示的客户资料报表。

客户资料报表

客户编号	姓名	性别	工作单位	职务	贵宾	照片
KY1001	王慧	男	广州拓普有限公司	经理	☐	
KY1002	张家聪	男	华南理工大学		☐	
KY1003	欧阳爱国	男	厦门顺丰快递有限公司	总经理	☑	
KY1004	黄洁	女	广州市政集团		☐	
KY1005	黄俊	男	东莞国家税务局	局长	☐	
KY1006	邱俊霖	男	广州美迪生物工程公司	董事长	☑	
KY1007	黄兰香	女	深圳电力公司	副经理	☐	
KY1008	邓敏	女	一棵树有限公司	总经理	☑	
KY1009	袁雅婷	女	新东方教育集团	副总裁	☑	
KY1010	申海军	男	广东省机械技师学院		☐	

图 5–2　客户资料报表

3. 以“客房信息”表为数据源，使用“报表向导”创建图 5–3 所示的客房信息未分组报表，要求包括客房信息表的所有字段，并按“房号”升序排序，房号相同时，按“价目”升序排序。

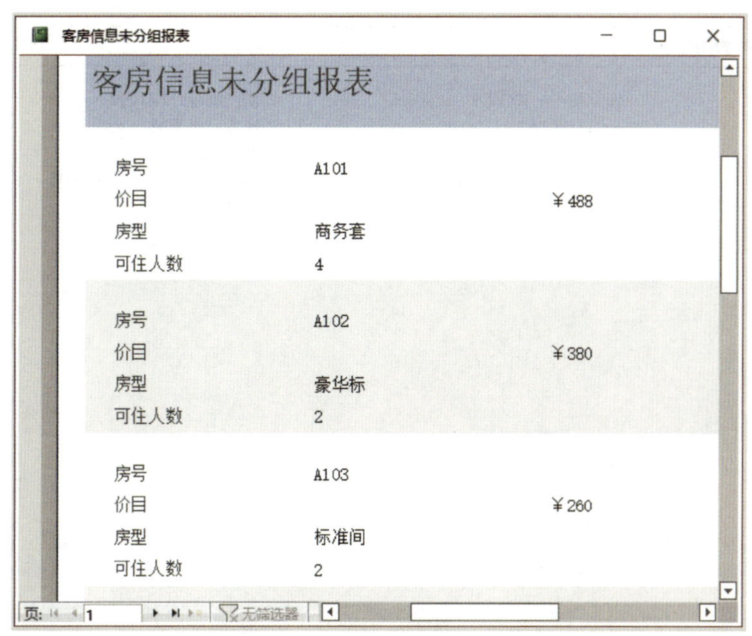

图 5–3　客房信息未分组报表

4. 以“客房信息”表为数据源，使用“报表向导”创建图 5–4 所示的客房信息分组报表，分组依据为“房型”，汇总依据为价目“平均值”。

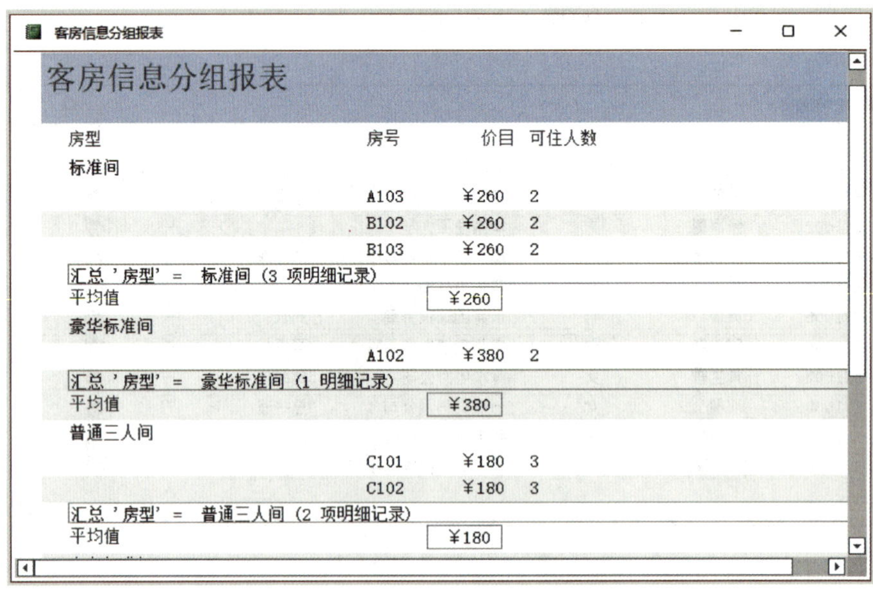

图 5-4 客房信息分组报表

5. 以“客户资料”表为数据源，创建客户资料标签，其打印预览效果如图 5-5 所示。

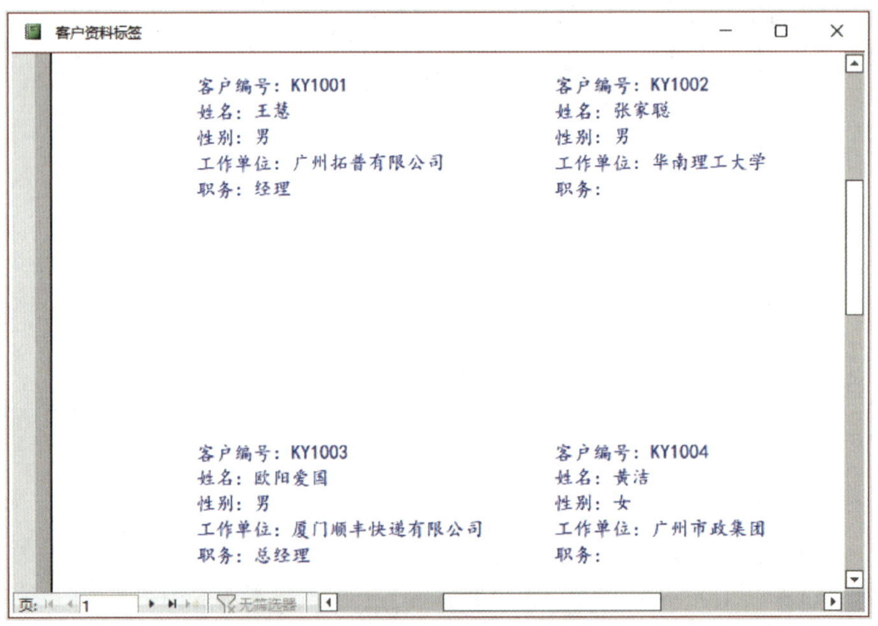

图 5-5 客户资料标签的打印预览效果

6. 以“入住记录”表为数据源，使用“报表设计”创建入住记录报表，要求格式美观、排版合理，其打印预览效果如图 5-6 所示。

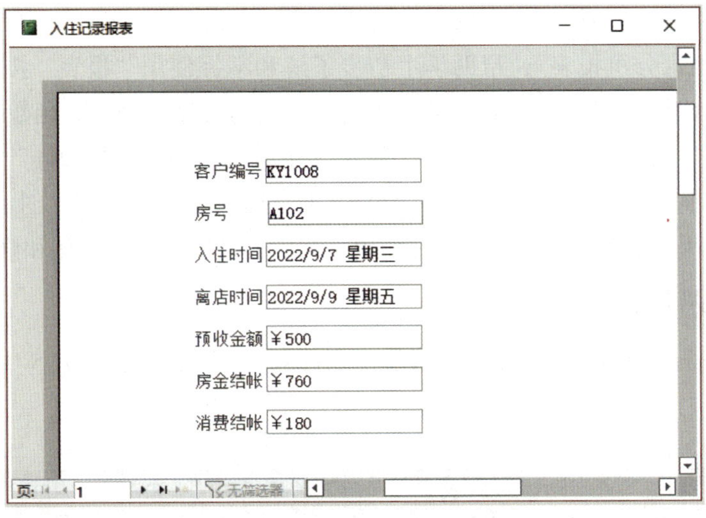

图 5-6　入住记录报表的打印预览效果

二、任务分析

要完成本实训任务，应按照图 5-7 所示的思维导图复习教材中所学的知识点和技能点。

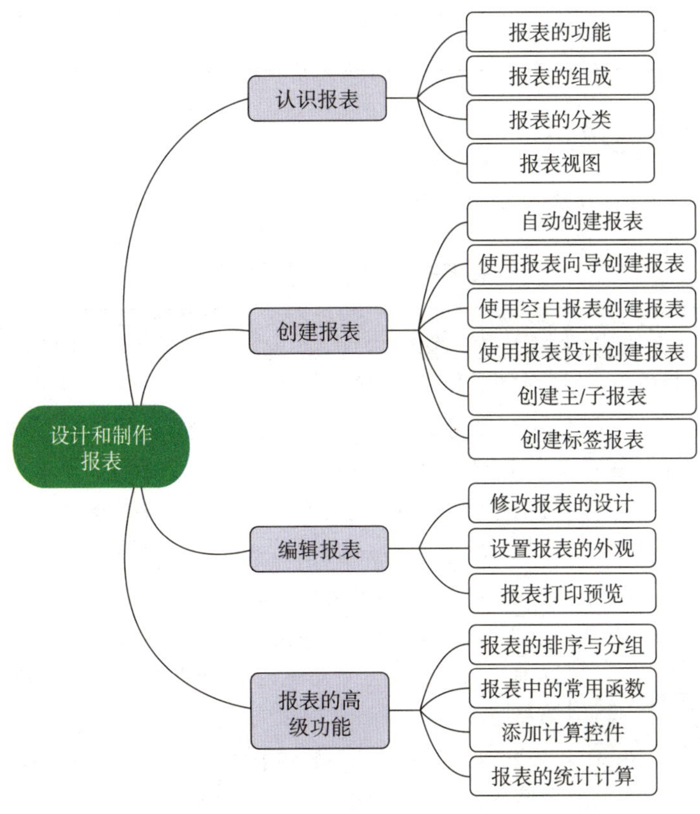

图 5-7　思维导图

本实训任务通过制作“客房信息表格式报表”“客户资料报表”“客房信息未分组报表”“客房信息分组报表”，帮助学生初步了解和掌握使用“报表”按钮、“空报表”和“报表向导”快速创建报表的方法，并熟悉报表的排序、分组和函数实现报表数据汇总操作；通过制作“客户资料标签”，帮助学生掌握利用“标签向导”生成报表标签的方法；通过制作“入住记录报表”，帮助学生掌握用“报表设计”创建报表的技能，并学习如何在所有报表的基础上，通过设置报表中控件的属性来美化和修饰报表。

三、计划制订

学生根据任务分析，自己制订完成本实训任务的实训计划，见表 5-1。

表 5-1 实训计划

序号	工作内容	所需时间

四、操作步骤提示

本实训任务的操作步骤提示见表 5-2。

表 5-2 操作步骤提示

序号	操作步骤	内容
1	打开数据库	打开“酒店管理系统”数据库
2	使用自动创建报表方式创建“客房信息表格式报表”	（1）在导航窗格中选择“客房信息”表作为报表的数据源 （2）在“创建”选项卡的“报表”命令组中单击“报表”按钮，快速创建图 5-1 所示的报表，并显示为“布局视图” （3）单击快速访问工具栏中的“保存”按钮，在弹出的“另存为”对话框中，以“客房信息表格式报表”为名保存报表
3	使用“空报表”创建“客户资料报表”	（1）在“创建”选项卡的“报表”命令组中单击“空报表”按钮，直接进入报表的“布局视图”，屏幕的右侧自动显示“字段列表”窗格 （2）在“字段列表”窗格中单击“显示所有表”按钮，显示当前数据库包含的表

续表

序号	操作步骤	内容
3	使用“空报表”创建“客户资料报表”	（3）单击“客户资料”表前面的⊞按钮，展开该表包含的字段 （4）依次双击“客户资料”中的“客户编号”等所有字段，这些字段被添加到空白窗体中，此时窗体显示该表第一条记录 （5）单击快速访问工具栏中的“保存”按钮，在弹出的“另存为”对话框，以“客户资料报表”为名保存报表
4	使用“报表向导”创建“客房信息未分组报表”	（1）在“创建”选项卡的“报表”命令组中单击“报表向导”按钮，弹出“报表向导”对话框 （2）添加报表所需要的字段，从“表/查询”下拉列表中选择“客房信息”表，选中“可用字段”中的所有字段，将其添加到右边的“选定字段”中 （3）单击“下一步”按钮，在弹出的对话框中保持默认设置，不添加分组级别 （4）单击“下一步”按钮，在弹出的对话框中确定排序次序，依次选择“房号”和“价目”进行升序排序 （5）单击“下一步”按钮，指定报表布局为“纵览表”，方向为“纵向” （6）单击“下一步”按钮，在“请为报表指定标题”文本框中输入窗体标题为“客房信息未分组报表”，选中“预览报表”，单击“完成”按钮
5	使用“报表向导”创建“客房信息分组报表”	（1）在“创建”选项卡的“报表”命令组中单击“报表向导”按钮，弹出“报表向导”对话框 （2）添加报表所需要的字段，从“表/查询”下拉列表中选择“客房信息”表，选中“可用字段”的所有字段，将其添加到右边的“选定字段”中 （3）单击“下一步”按钮，在弹出的对话框中，选择“房型”作为一级分组 （4）单击“下一步”按钮，在弹出的对话框中确定排序次序，依次选择“房号”和“价目”进行升序排序，单击“汇总选项”按钮，在弹出的“汇总选项”对话框中，汇总值选择“平均”，显示选择“显示明细和汇总”，单击“确定”按钮，返回“报表向导”对话框 （5）单击“下一步”按钮，指定报表布局为“递阶”，方向为“纵向” （6）单击“下一步”按钮，在“请为报表指定标题”文本框中输入报表标题为“客房信息分组报表”，然后选中“预览报表”选项，单击“完成”按钮

续表

序号	操作步骤	内容
6	创建“客户资料标签”	（1）在导航窗格中选择“客户资料”表作为报表的数据源 （2）在“创建”选项卡的“报表”命令组中单击“标签”按钮，弹出“标签向导”对话框，指定标签尺寸的型号为“C2244” （3）单击“下一步”按钮，设置文本的外观，字体为“楷体”，字号为“12”，字体粗细为“正常”，文本颜色为“蓝色” （4）单击“下一步”按钮，在弹出的对话框中，将“可用字段”中的“客户编号”字段添加到“原型标签”窗格中，然后按 Enter 键，把光标移动到“可用字段”窗格中，用同样的方法依次添加“姓名”“性别”“工作单位”“职务”等字段，为了让标签意义更加明确，在每个字段前面分别输入与字段名称相同的文本和冒号 （5）单击“下一步”按钮，在“可用字段”窗格中双击“客户编号”字段，将其添加到“排序依据”窗格中 （6）单击“下一步”按钮，在“请指定报表的名称”文本框中输入“客户资料标签”，选择“查看标签的打印预览”选项，单击“完成”按钮
7	使用“报表设计”创建“入住记录报表”	（1）在“创建”选项卡的“报表”命令组中单击“报表设计”命令 （2）空报表“报表1”随即在文档区域打开，在“报表设计”选项卡的“工具”命令组中单击“添加现有字段”按钮，在右侧窗口“字段列表”中选择“显示所有表”命令，双击“入住记录”表，并把相关字段拖曳到报表主体区域中 （3）选中所有字段，在“排列”选项卡的“调整大小和排序”命令组中单击“大小 / 空格”按钮，分别对“标签”和“文本框”的大小、间距进行调整，然后单击“对齐”按钮，设置对齐方式 （4）单击“保存”按钮，以“入住记录报表”为名进行保存

五、总结与评价

实训完成后，学生分组总结实训成果，分享完成实训过程的心得体会。总结结束后，可以从工具使用、软件操作、作品效果、成果展示等方面对实训任务进行评价，采用学生自评、学生互评、教师评价相结合的多元评价方式，见表 5–3。

表 5-3　实训评价

序号	评价要求	分值 / 分	学生自评（占比 30%）	学生互评（占比 30%）	教师评价（占比 40%）
1	对实训任务的分析是否准确到位	15			
2	任务规定的 6 个报表是否创建成功	30			
3	报表操作结果与任务提供的效果图是否一致	30			
4	任务操作是否熟练，时间分配是否合理	25			
综合得分		100			

六、实训拓展

1. 以“客户资料报表”为基础，通过添加子报表控件，创建客户 / 入住情况子报表，其打印预览效果如图 5-8 所示。

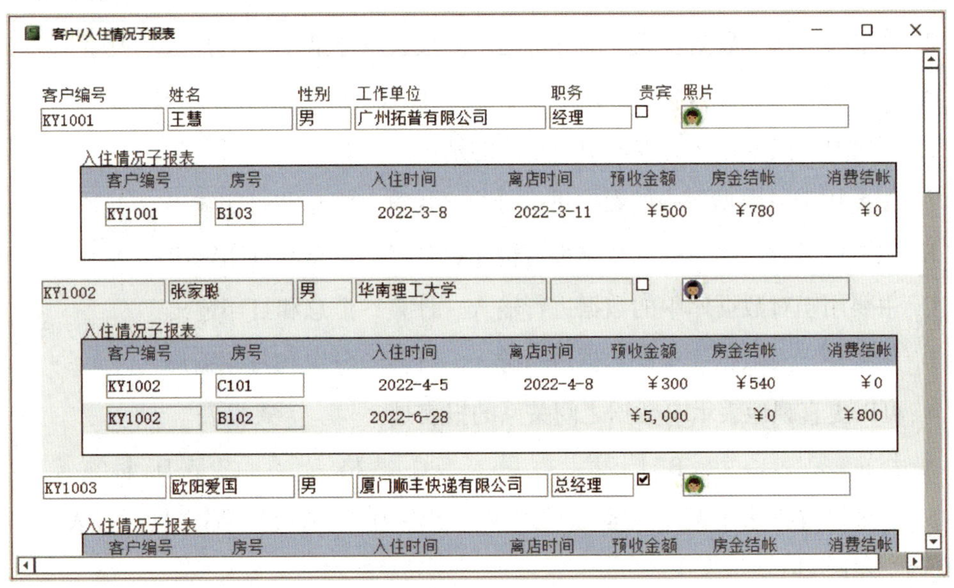

图 5-8　客户 / 入住情况子报表的打印预览效果

2. 制作客户入住记录统计报表，统计每个客户的入住次数，并把结果显示在组页脚中，同时统计所有客户的入住次数，把结果显示在报表页脚中，其打印预览效果如图 5-9 所示。

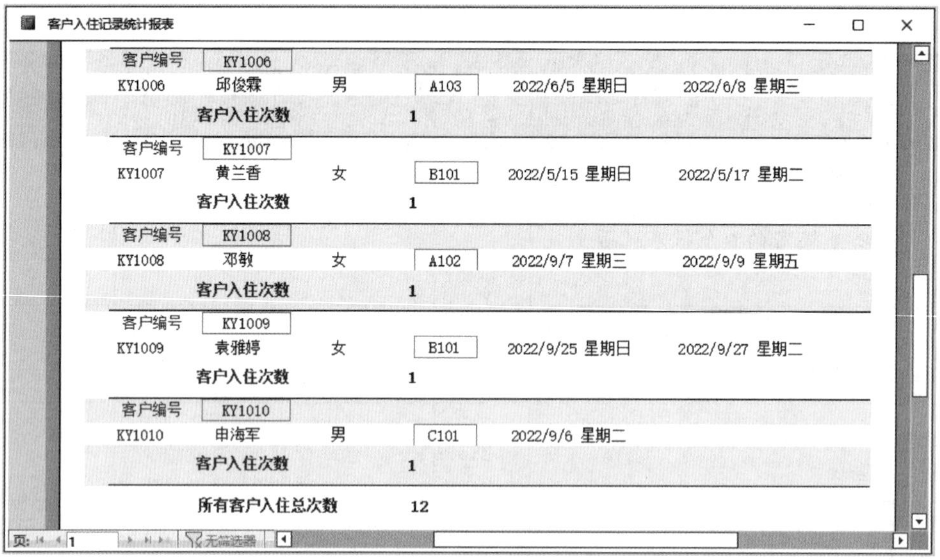

客户入住记录统计报表

客户编号	KY1006				
KY1006	邱俊霖	男	A103	2022/6/5 星期日	2022/6/8 星期三
	客户入住次数		1		
客户编号	KY1007				
KY1007	黄兰香	女	B101	2022/5/15 星期日	2022/5/17 星期二
	客户入住次数		1		
客户编号	KY1008				
KY1008	邓敏	女	A102	2022/9/7 星期三	2022/9/9 星期五
	客户入住次数		1		
客户编号	KY1009				
KY1009	袁雅婷	女	B101	2022/9/25 星期日	2022/9/27 星期二
	客户入住次数		1		
客户编号	KY1010				
KY1010	申海军	男	C101	2022/9/6 星期二	
	客户入住次数		1		
	所有客户入住总次数		12		

页：1 无筛选器

图 5-9 客户入住记录统计报表的打印预览效果

七、知识巩固与提高

1. 报表显示数据的主要区域是（　　）。

A. 报表页眉　　B. 页面页眉　　C. 主体　　D. 分组页脚

2. 将报表与某一数据表或查询绑定起来的报表属性是（　　）。

A. 数据源　　B. 打开　　C. 保存　　D. 帮助

3. 下列关于报表定义的叙述中，正确的是（　　）。

A. 主要用于对数据库中的数据进行分组、计算、汇总和打印输出

B. 主要用于对数据库中的数据进行输入、分组、汇总和打印输出

C. 主要用于对数据库中的数据进行输入、计算、汇总和打印输出

D. 主要用于对数据库中的数据进行输入、计算、分组和打印输出

4. 可以更直观地表示出数据之间关系的报表是（　　）式报表。

A. 纵览　　B. 图表　　C. 表格　　D. 标签

5. 如果设置报表上某个文本框控件来源属性为“3*6+2”，那么打开报表视图时，该文本框显示的信息是（　　）。

A. 3*6+2　　B. 20　　C. 出错　　D. 未绑定

6. 要在打印报表每一页顶部都输出信息，需要设置（　　）。

A. 报表页眉　　B. 报表页脚　　C. 页面页眉　　D. 页眉页脚

7. 如果要显示的记录和字段较多，并且希望可以同时浏览多条记录以及方便地比

较相同字段，那么应该创建（　　）式报表。

A. 纵栏　　B. 标签　　C. 表格　　D. 图表

8. 创建报表时，使用报表向导创建方式可以创建（　　）。

A. 纵栏式报表和表格式报表　　B. 标签式报表和表格式报表

C. 纵栏式报表和标签式报表　　D. 表格式报表和图表式报表

9. 报表的视图方式不包括（　　）视图。

A. 打印预览　　B. 布局　　C. 版面预览　　D. 设计

10. 报表的数据来源不包括（　　）。

A. 表　　B. 窗体　　C. 查询　　D. SQL 语句

11. 下列关于窗体和报表的说法中，正确的是（　　）。

A. 窗体和报表的数据来源都是表、查询和 SQL 语句

B. 窗体和报表都可以修改数据源的数据

C. 窗体和报表控件组中的控件是不一样的

D. 窗体可以作为报表的数据来源

12. 报表的作用不包括（　　）数据。

A. 分组　　B. 汇总　　C. 格式化　　D. 输入

13. Access 2021 为报表操作提供了（　　）种视图。

A. 2　　B. 3　　C. 4　　D. 5

14. 报表的控件不包括（　　）。

A. 标签　　B. 命令按钮　　C. 图表　　D. 标注

15. 制作公司员工的名片应该使用（　　）。

A. 标签报表　　B. 图表式报表　　C. 图表窗体　　D. 表格式报表

16. 标签控件通常通过（　　）向报表添加。

A. 控件组　　B. 工具栏　　C. 属性表　　D. 字段列表

17. 计算控件的控件源必须是以（　　）开头的计算表达式。

A. =　　B. <　　C. （　　）　　D. >

项目六
综合运用

实训任务 设计酒店管理系统

一、实训任务

本实训任务是以前面各数据库对象的设计应用为基础，熟悉 Access 2021 的整体操作流程，开发完成一个典型的数据库管理系统——酒店管理系统，具体任务如下。

（一）系统分析

1. 进行系统需求分析，确定酒店管理系统的功能。

2. 进行系统框架设计，根据系统分析结果确定酒店管理系统的框架（数据表的数量），需要创建哪些数据库查询、窗体和报表，以及它们之间的关系。

3. 进行系统详细设计，针对“酒店管理系统”的各项功能需求，明确设计工作的内容和步骤。

（二）系统实现

1. 创建数据库

创建一个名为“酒店管理系统”的数据库文件，保存到“D:\ 数据库”中。

2. 建立数据表

（1）在“酒店管理系统”中创建图 6–1 所示的“客户资料”表，定义并设计合适的数据类型和字段属性，然后输入数据。

客户资料

客户编号	姓名	性别	工作单位	职务	贵宾	照片
KY1001	王慧	男	广州拓普有限公司	经理	☐	itmap Image
KY1002	张家聪	男	华南理工大学		☐	itmap Image
KY1003	欧阳爱国	男	厦门顺丰快递有限公司	总经理	☑	itmap Image
KY1004	黄洁	女	广州市政集团		☐	itmap Image
KY1005	黄俊	男	东莞国家税务局	局长	☐	itmap Image
KY1006	邱俊霖	男	广州美迪生物工程公司	董事长	☑	itmap Image
KY1007	黄兰香	女	深圳电力公司	副经理	☐	itmap Image
KY1008	邓敏	女	一棵树有限公司	总经理	☑	itmap Image
KY1009	袁雅婷	女	新东方教育集团	副总裁	☑	itmap Image
KY1010	申海军	男	广东省机械技师学院		☐	itmap Image

记录：第 1 项(共 10 项)　未筛选　搜索

图 6-1　“客户资料”表

（2）在“酒店管理系统”中创建图 6-2 所示的“客房信息”表，定义并设计合适的数据类型和字段属性，然后输入数据。

客房信息

房号	房型	价目	固有床数	可住人数
A101	商务套房	¥488	2	4
A102	豪华标准间	¥380	1	2
A103	标准间	¥260	1	2
B101	商务标准间	¥300	1	2
B102	标准间	¥260	1	2
B103	标准间	¥260	1	2
C101	普通三人间	¥180	2	3
C102	普通三人间	¥180	2	3

记录：第 1 项(共 8 项)　无筛选器　搜索

图 6-2　“客房信息”表

（3）在“酒店管理系统”中创建图 6-3 所示的“入住记录”表，定义并设计合适的数据类型和字段属性，然后输入数据。

入住记录

入住编号	客户编号	房号	入住时间	离店时间	预收金额	房金结帐	消费结帐	总帐	单
2022030801	KY1001	B103	2022-3-8	2022-3-11	¥500	¥780	¥0		
2022030802	KY1002	C101	2022-3-8	2022-3-8	¥300	¥540	¥0		
2022050101	KY1005	C102	2022-5-1		¥3,800	¥0	¥2,890		
2022050801	KY1003	A101	2022-5-8	2022-5-9	¥800	¥488	¥488		
2022051501	KY1007	B101	2022-5-15	2022-5-17	¥1,000	¥520	¥300		
2022051801	KY1005	B103	2022-5-18	2022-5-19	¥500	¥260	¥750		
2022060501	KY1006	A103	2022-6-5	2022-6-8	¥1,000	¥780	¥585		
2022062601	KY1004	C102	2022-6-26	2022-6-28	¥2,000	¥900	¥1,500		
2022062801	KY1002	B102	2022-9-28		¥5,000	¥0	¥800		
2022090601	KY1010	C101	2022-9-6		¥550	¥0	¥0	¥0	
2022090701	KY1008	A102	2022-9-7	2022-9-9	¥500	¥760	¥180		

记录：第 11 项(共 12 项)　无筛选器　搜索

图 6-3　“入住记录”表

3. 建立表间关系

将 3 个表分别按合适的字段建立“实施参照完整性”的一对一或一对多的关系，如图 6–4 所示。

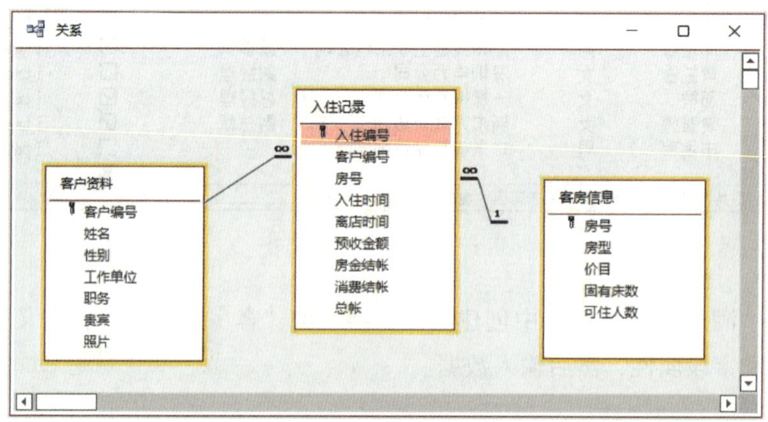

图 6–4 建立表间关系

4. 设计和制作查询

（1）创建“所有客户的信息”查询（包含“客户资料”表和“入住记录”表中的所有字段内容），如图 6–5 所示。

所有客户的信息

客户编号	姓名	性别	工作单位	职务	贵宾	入住编号	房号	入住时间	离店时间	预收金额	房金结帐	消费结帐	总帐
KY1001	王慧	男	广州拓普有限公司	经理	☐	2022030801	B103	2022-3-8	2022-3-11	¥500	¥780	¥0	
KY1002	张家聪	男	华南理工大学		☐	2022030802	C101	2022-3-8	2022-3-8	¥300	¥540	¥0	
KY1002	张家聪	男	华南理工大学		☐	2022062801	B102	2022-9-28		¥5,000	¥0	¥800	
KY1003	欧阳爱国	男	厦门顺丰快递有限公司	总经理	☑	2022050801	A101	2022-5-8	2022-5-9	¥800	¥488	¥488	
KY1004	黄洁	女	广州市政集团		☐	2022062601	C102	2022-6-26	2022-6-28	¥2,000	¥900	¥1,500	
KY1005	黄俊	男	东莞国家税务局	局长	☐	2022051801	B103	2022-5-18	2022-5-19	¥500	¥260	¥750	
KY1005	黄俊	男	东莞国家税务局	局长	☐	2022050101	C102	2022-5-1		¥3,800	¥0	¥2,890	
KY1006	邱俊霖	男	广州美迪生物工程公司	董事长	☑	2022060501	A103	2022-6-5	2022-6-8	¥1,000	¥780	¥585	
KY1007	黄兰香	女	深圳电力公司	副经理	☐	2022051501	B101	2022-5-15	2022-5-17	¥1,000	¥520	¥300	
KY1008	邓敏	女	一棵树有限公司	总经理	☑	2022090701	A102	2022-9-7	2022-9-9	¥500	¥760	¥180	
KY1009	袁雅婷	女	新东方教育集团	副总裁	☑	2022092501	B101	2022-9-25	2022-9-27	¥1,000	¥400	¥600	¥0
KY1010	申海军	男	广东省机械技师学院		☐	2022090601	C101	2022-9-6		¥550	¥0	¥0	¥0

记录：第 1 项(共 12 项)　无筛选器　搜索

图 6–5 创建“所有客户的信息”查询

（2）创建某个时段入住信息的查询，例如，创建“2022 年 5 月入住信息查询”，以查看该时段内酒店的入住信息，如图 6–6 所示。

2022年5月入住信息查询

入住编号	客户编号	房号	入住时间	离店时间	预收金额	房金结帐	消费结帐	总帐
2022050801	KY1003	A101	2022-5-8	2022-5-9	¥800	¥488	¥488	
2022051801	KY1005	B103	2022-5-18	2022-5-19	¥500	¥260	¥750	
2022051501	KY1007	B101	2022-5-15	2022-5-17	¥1,000	¥520	¥300	

记录：第 1 项(共 3 项)　无筛选器　搜索

图 6–6 创建“2022 年 5 月入住信息查询”

（3）创建“根据客户姓名查询住房信息”查询，实现输入客户姓名时，即可查看该客户的入住信息，如图 6–7 所示。

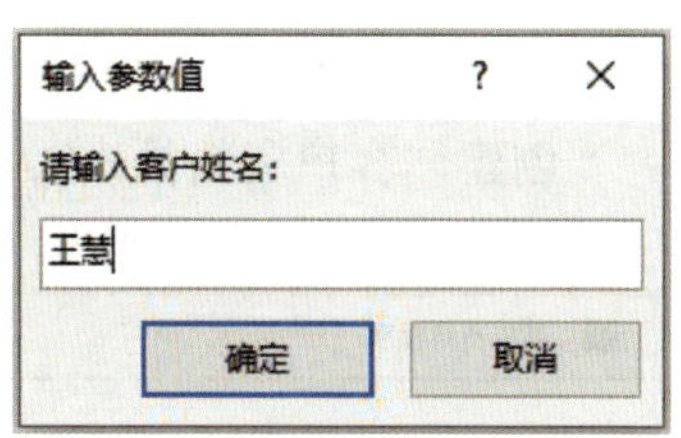

图 6–7　创建“根据客户姓名查询住房信息”查询

5. 设计和制作窗体

（1）创建“客户资料窗体”，如图 6–8 所示，并利用“添加新记录”按钮添加一条新记录（客户编号：“KY1011”；姓名：“袁宏明”；性别：“男”；工作单位：“中山大学”；职务：“院长”；贵宾：“是”；照片：见项目六素材文件夹 11.bmp）。

图 6–8　创建“客户资料窗体”

（2）创建“客房信息纵览式窗体”，如图 6–9 所示。

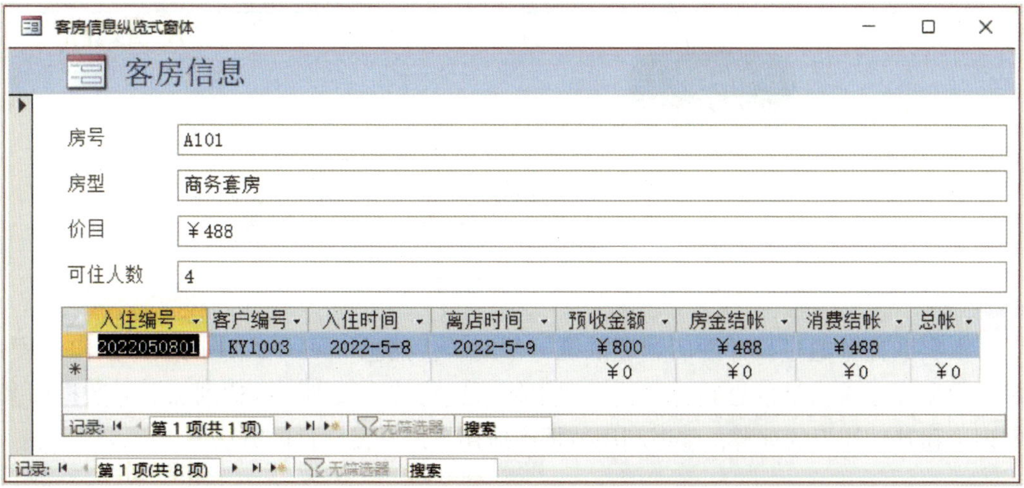

图 6–9　创建“客房信息纵览式窗体”

6. 设计和制作报表

创建“客户资料报表”，如图 6-10 所示。

客户资料报表

客户编号	姓名	性别	工作单位	职务	贵宾	照片
KY1001	王慧	男	广州拓普有限公司	经理	☐	
KY1002	张家聪	男	华南理工大学		☐	
KY1003	欧阳爱国	男	厦门顺丰快递有限公司	总经理	☑	
KY1004	黄洁	女	广州市政集团		☐	
KY1005	黄俊	男	东莞国家税务局	局长	☐	
KY1006	邱俊霖	男	广州美迪生物工程公司	董事长	☑	
KY1007	黄兰香	女	深圳电力公司	副经理	☐	
KY1008	邓敏	女	一棵树有限公司	总经理	☑	
KY1009	袁雅婷	女	新东方教育集团	副总裁	☑	
KY1010	申海军	男	广东省机械技师学院		☐	
KY1011	袁宏明	男	中山大学	院长	☑	

图 6-10 创建“客户资料报表”

二、任务分析

要完成本实训任务，应按照图 6-11 所示的思维导图复习教材中所学的知识点和技能点。

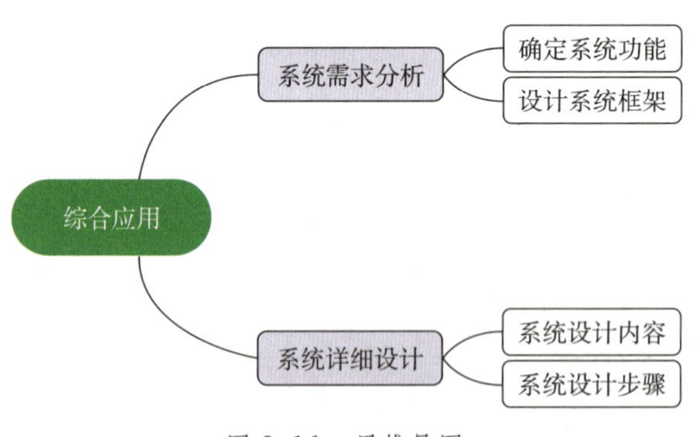

图 6-11 思维导图

本实训任务通过设计酒店管理系统，帮助学生熟悉 Access 2021 的整体操作流程，掌握数据库系统设计的思路，对整个课程体系进行综合实训，以达到加深对数据库基本理论和基础知识的理解，掌握利用数据库应用系统开发软件的方法。

三、计划制订

学生根据任务分析，自己制订完成本实训任务的实训计划，见表 6–1。

表 6–1　实训计划

序号	工作内容	所需时间

四、操作步骤提示

本实训任务的操作步骤提示见表 6–2。

表 6–2　操作步骤提示

序号	操作步骤	内容
1	系统需求分析	通过系统需求分析，酒店管理系统主要针对客房情况和人员入住情况进行管理，为了简化操作，确定酒店管理系统的功能如下 （1）通过数据表管理酒店的各类信息，包括客户信息、客房信息、入住记录信息 （2）通过查询和统计所有客户信息、某个时间段或时间点的客房入住信息和根据客户姓名查询住房信息 （3）通过窗体录入和编辑客户资料，方便比较客房信息 （4）通过报表展示客户资料
2	设计系统框架	依据酒店管理系统实现的功能，确定系统的框架为 3 个数据表，若干个数据库查询、窗体和报表，并建立表间关系
3	系统详细设计	（1）系统设计内容 1）创建“酒店管理系统”数据库，用于管理系统的各类对象 2）创建“客户资料”表、“客房信息”表和“入住记录”表，分别用于存储客户信息、客房信息和入住记录信息，并建立 3 张表之间的关系 3）创建“所有客户的信息”查询，用于查询所有客户的资料及入住等信息；设计某个时间入住信息查询功能；创建“根据客户姓名查询住房信息”查询，实现输入客户姓名时，即可查看该客户的入住信息

续表

序号	操作步骤	内容
3	系统详细设计	4）创建“客户资料窗体”，用于录入和编辑客户资料；创建“客房信息纵览式窗体”，以方便比较客房信息 5）创建“客户资料报表”，用于打印输出客户资料信息 （2）系统设计步骤：创建数据表→创建数据表之间的关系→创建查询→创建窗体→创建报表
4	创建数据库	启动 Access 2021，新建一个名为“酒店管理系统”的数据库文件，保存到“D:\ 数据库”中
5	建立数据表	（1）根据酒店管理系统功能，确定“客户资料”表、“客房信息”表、“入住记录”表各自包含的字段（字段名称、字段类型、字段宽度等） （2）创建“客户资料”表、“客房信息”表、“入住记录”表，并完成数据录入 （3）分别设置“客户资料”表、“客房信息”表、“入住记录”表的主键依次为客户编号、房号、入住编号
6	建立表间关系	首先打开“数据库工具”选项卡，单击“关系”命令组中的“关系”按钮，其次把“客户资料”表、“客房信息”表、“入住记录”表依次添加到关系设置界面，最后设置其关系（见图 6-4）
7	设计和制作查询	创建查询可以通过查询向导、查询设计器等多种方法实现 （1）创建“所有客户的信息”查询，在“创建”选项卡的“查询”命令组中，单击“查询设计”按钮，将“客户资料”表和“入住记录”表添加到设计视图窗口的上方，将“客户资料”表中所有字段和“入住记录”表中除“客户编号”以外的所有字段添加到下方的设计区中，单击“运行”按钮，保存查询名为“所有客户的信息” （2）创建“2022 年 5 月入住信息”查询，单击“创建”选项卡“查询”命令组中的“查询设计”按钮，打开“设计视图”，切换至“SQL 视图”，输入命令“SELECT 入住记录 . 入住编号 , 入住记录 . 客户编号 , 入住记录 . 房号 , 入住记录 . 入住时间 , 入住记录 . 离店时间 , 入住记录 . 预收金额 , 入住记录 . 房金结账 , 入住记录 . 消费结账 , 入住记录 . 总账 FROM 入住记录 WHERE (((入住记录 . 入住时间) >=#5/1/2022#) AND ((入住记录 . 离店时间) <=#5/31/2022#));”，按要求保存查询并运行即可 （3）创建“根据客户姓名查询入住信息”查询，打开“设计视图”，将“客户资料”表和“入住记录”表添加到设计器中，按要求从两个表中添加相关字段到“字段列表区”，在“姓名”字段的“条件”行中输入“[请输入姓名：]”，将查询保存为“根据客户姓名查询入住信息”，运行即可

续表

序号	操作步骤	内容
8	设计和制作窗体	（1）创建“客户资料窗体” 1）在导航窗格中选择“表”对象列表中的“客户资料”表作为窗体的数据源，在“创建”选项卡的“窗体”命令组中，单击“窗体”按钮，新建一个窗体，保存并命名为“客户资料窗体” 2）选中该窗体，右击选择“设计视图”选项，切换至“客户资料窗体”的设计界面 3）双击“客户资料”文本框修改为“客户资料管理窗口”，调整到居中显示 4）在设计视图中，依次添加“转至上一条记录”“转至下一条记录”“添加新记录”“保存记录”“删除记录”按钮 5）切换至“窗体视图”，查看效果，单击“保存”按钮 6）单击“添加新记录”按钮，按任务要求所示输入相关客户信息后，单击“保存记录”按钮 （2）创建“客房信息纵览式窗体” 1）在导航窗格中选择“表”对象列表中的“客房信息”表作为窗体的数据源 2）在“创建”选项卡的“窗体”命令组中，单击“窗体”按钮，快速创建图 6–9 所示的窗体 3）单击“保存”按钮，以“客房信息纵览式窗体”为名保存窗体
9	设计和制作报表	创建“客户资料报表”，在导航窗格选择“客户资料”表，然后在“创建”选项卡的“报表”命令组中，单击“报表”按钮，报表“客户资料”随即在文档区域打开，默认为“布局视图”，分别对“标签”和“文本框”的宽度、高度、对齐方式等进行调整和设置，使其更加美观，最后保存报表

五、总结与评价

实训完成后，学生分组总结实训成果，分享完成实训过程的心得体会。总结结束后，可以从工具使用、软件操作、作品效果、成果展示等方面对实训任务进行评价，采用学生自评、学生互评、教师评价相结合的多元评价方式，见表 6–3。

表 6-3 实训评价

序号	评价要求	分值/分	学生自评（占比 30%）	学生互评（占比 30%）	教师评价（占比 40%）
1	对实训任务的分析是否准确到位	5			
2	系统需求分析是否正确、全面、合理	5			
3	系统框架设计是否正确、合理、全面	5			
4	系统设计内容是否正确、合理、全面，系统设计步骤是否正确	5			
5	酒店管理系统数据库是否创建成功，是否按规定的位置进行存储	10			
6	3 个数据表是否创建成功，内容是否合理，对其操作结果与任务提供的参考进行比较是否一致	10			
7	表间关系是否创建成功，参照完整性是否正确、合理	10			
8	3 个查询是否创建成功，内容是否合理，对其操作结果与任务提供的参考进行比较是否一致	15			
9	2 个窗体是否创建成功，内容是否合理，对其操作结果与任务提供的参考进行比较是否一致	15			
10	报表是否创建成功，内容是否合理、布局是否美观，对其操作结果与任务提供的参考进行比较是否一致	10			
11	任务操作是否熟练，时间分配是否合理	10			
综合得分		100			

六、实训拓展

1. 新建“客房类型”表，如图 6-12 所示，定义并设计合适的数据类型和字段属性后输入数据。

客房类型

	类型编号	房型	客房价格	拼房价格	单击
	bj01	标准间	¥260.00	¥260.00	
	hb01	豪华标准间	¥380.00	¥380.00	
	ps01	普通三人间	¥180.00	¥280.00	
	sb01	商务标准间	¥300.00	¥300.00	
	sw01	商务套房	¥488.00	¥688.00	
*			¥0.00	¥0.00	

记录: 第 1 项(共 5 项)　无筛选器　搜索

图 6-12　新建“客房类型”表

2. 修改“客房信息”表，如图 6-13 所示。

客房信息

房号	房型编号	房型	价目	固有床数	可住人数
A101	sw01	商务套房	¥488	2	4
A102	hb01	豪华标准间	¥380	1	2
A103	bj01	标准间	¥260	1	2
B101	sb01	商务标准间	¥300	1	2
B102	bj01	标准间	¥260	1	2
B103	bj01	标准间	¥260	1	2
C101	ps01	普通三人间	¥180	2	3
C102	ps01	普通三人间	¥180	2	3

记录: 第 1 项(共 8 项)　无筛选器　搜索

图 6-13　修改“客房信息”表

3. 重新建立 4 个表之间的关系，如图 6-14 所示。

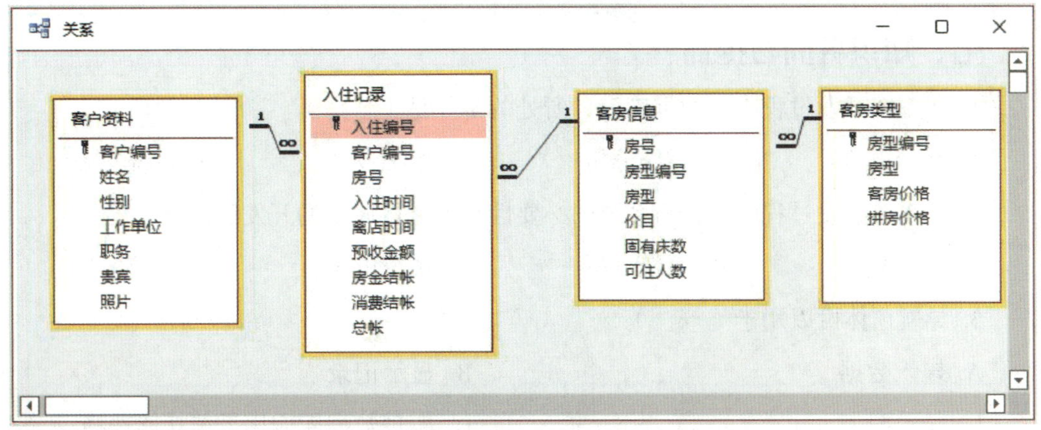

图 6-14　重新建立 4 个表之间的关系

4. 以“客房信息”表为数据源，创建“不同可住人数客房价格平均值 _ 交叉表”查询，如图 6-15 所示。

不同可住人数客房价格平均值_交叉表

可住人数	价目之平均值	标准间	豪华标准间	普通三人间	商务标准间	商务套房
2	¥292.00	¥260.00	¥380.00		¥300.00	
3	¥180.00			¥180.00		
4	¥488.00					¥488.00

记录: 第 1 项(共 3 项) 无筛选器 搜索

图 6-15　创建“不同可住人数客房价格平均值 _ 交叉表”查询

5. 以“不同可住人数客房价格平均值 _ 交叉表”查询为数据源，创建“不同可住人数客房价格平均值 _ 交叉表”窗体，如图 6-16 所示。

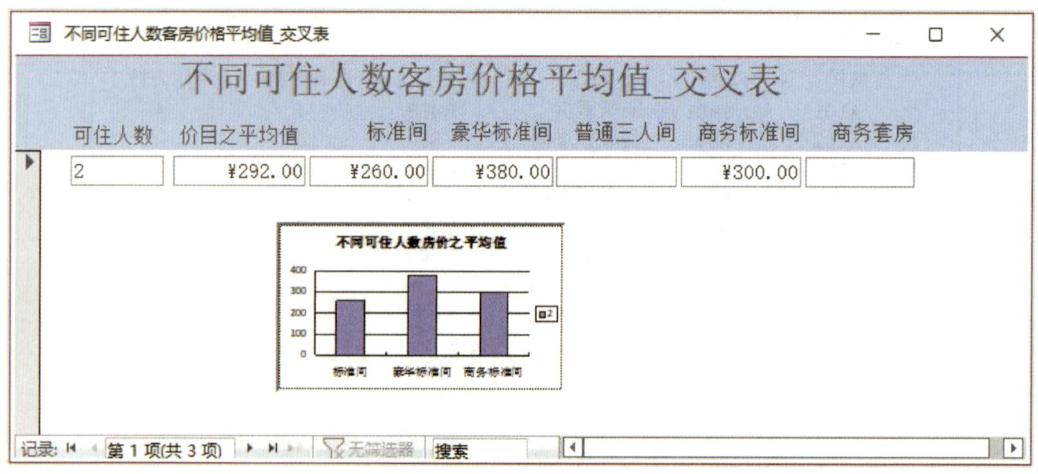

图 6-16　创建“不同可住人数客房价格平均值 _ 交叉表”窗体

七、知识巩固与提高

1. 在系统开发过程中，数据库设计所处的阶段是（　　）。

A. 系统规划　　B. 系统分析　　C. 系统设计　　D. 系统实施

2. 在系统开发过程中，分析系统的必要性和可能性属于的开发阶段是（　　）。

A. 系统规划　　B. 系统分析　　C. 系统设计　　D. 系统实施

3. 导航窗体可以用于（　　）。

A. 输入数据　　B. 显示记录

C. 显示图表　　D. 实现数据库应用系统功能选择

4. 下列关于数据库应用系统的叙述中，错误的是（　　）。

A. 数据库应用系统的开发是一项复杂的系统工程

B. 数据库应用系统的功能是已建数据库对象的集合

C. 可以通过多页窗体控制执行数据库应用系统的功能

D. 可以通过切换面板管理器生成数据库应用系统的菜单

5. 在关系数据库中，能够唯一表示一条记录的属性或属性的组合称为（　　）。

A. 关键字　　B. 属性　　C. 关系　　D. 域

6. 一个宿舍可住多个学生，则实体宿舍和学生之间的联系是（　　）。

A. 一对一　　B. 一对多　　C. 多对一　　D. 多对多

7. 设置 Access 2021 数据库打开时的外观和行为，应使用的对话框是（　　）。

A. Access 2021 选项　　B. 工具

C. 编辑　　D. 启动

8. 在报表的每一页顶部都输出信息，需要设置（　　）。

A. 页面页眉　　B. 报表页眉　　C. 页眉页脚　　D. 报表页脚

9. 可以直观地表示出数据之间关系的报表是（　　）式报表。

A. 纵览　　B. 表格　　C. 图表　　D. 标签

10. 在 Access 2021 中，允许用户在运行时输入信息的控件是（　　）。

A. 文本框　　B. 标签　　C. 列表框　　D. 组合框

项目七
综合案例分析

实训任务 1　设计和开发学籍管理系统

一、实训任务

本实训任务通过设计和开发简易的“学籍管理系统”，帮助学生进行综合实训，来检验和巩固所学知识，尤其是数据库、表、查询、窗体、报表的建立和使用方法。

（一）系统设计分析

1．确定系统功能

“学籍管理系统”的主要功能如下。

（1）通过数据表管理学生学籍的各类信息，包括学生基本情况、学籍信息、成绩信息。

（2）通过创建查询，查询多表字段信息，按输入班级查询该班级学生的相关信息，依据是否可以毕业的条件查询学生是否取得毕业资格并对相应数据表进行更新，查询不同班级的学生各评语登记的人数相关信息。

（3）通过窗体显示、录入和编辑学生基本情况信息和取得毕业资格的学生信息。

（4）通过报表展示学生毕业情况的统计信息。

2．系统设计内容

针对“学籍管理系统”的功能需求，完成以下设计工作。

（1）创建“学籍管理系统”数据库，用于管理系统的各类对象。

（2）设计“学生信息表”“学生学籍表”“学生成绩表”，分别用于存储学生基本信息、学生学籍信息、学生成绩信息。

（3）创建“学生信息表”“学生学籍表”“学生成绩表”之间的关系，以便数据管理的协调统一。

（4）设计“多表查询”，以显示包含多个字段信息的查询；创建“按输入班级查询”，查询该班级学生的相关信息；根据学生毕业设计和毕业考核成绩情况创建“填列毕业资格查询”，以判断学生是否取得毕业资格，并且填入“学生学籍表”中“毕业资格”列，进行更新操作；创建“取得毕业资格学生名单查询”，并将相关信息放入“可毕业学生名单”表中；创建交叉表查询“查看不同班级的学生各评语登记的人数”。

（5）利用“学生信息表”制作“学生基本情况”窗体，用于显示、录入、编辑学生的各项信息；利用前面所创建的“取得毕业资格学生名单”查询创建“取得毕业资格学生名单窗体”，布局方式为表格式，用于显示可毕业学生的名单信息。

（6）创建“学生毕业情况统计表”，用于展示及打印输出学生毕业情况信息。

（二）系统实现

1. 创建数据库

创建一个名为“学籍管理系统”的数据库文件，保存到“D:\ 数据库”中。

2. 建立数据表

（1）在“学籍管理系统 .accdb”数据库中，创建“学生信息表”，如图 7–1 所示，定义并设计合适的结构，然后输入相应的数据。具体要求是将“学号”字段设置为“主键”，并且学号字段必须输入 6 个字符；将“性别”字段设置为“值列表字段”，输入时可以从下拉列表中选择“男”或“女”。

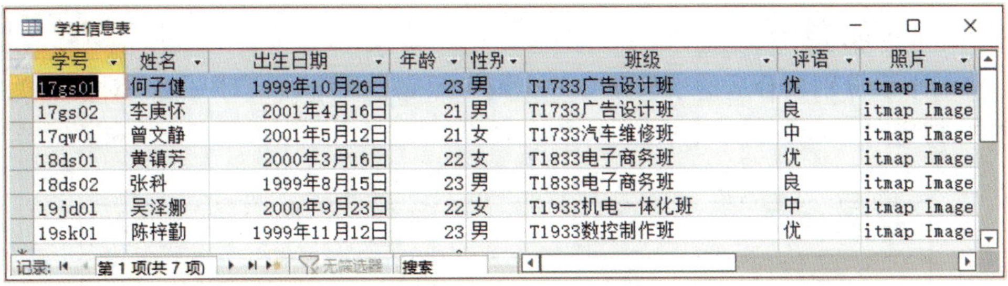

学生信息表

学号	姓名	出生日期	年龄	性别	班级	评语	照片
17gs01	何子健	1999年10月26日	23	男	T1733广告设计班	优	itmap Image
17gs02	李庚怀	2001年4月16日	21	男	T1733广告设计班	良	itmap Image
17qw01	曾文静	2001年5月12日	21	女	T1733汽车维修班	中	itmap Image
18ds01	黄镇芳	2000年3月16日	22	女	T1833电子商务班	优	itmap Image
18ds02	张科	1999年8月15日	23	男	T1833电子商务班	良	itmap Image
19jd01	吴泽娜	2000年9月23日	22	女	T1933机电一体化班	中	itmap Image
19sk01	陈梓勤	1999年11月12日	23	男	T1933数控制作班	优	itmap Image

记录：第 1 项(共 7 项)　无筛选器　搜索

图 7–1　创建“学生信息表”

（2）在“学籍管理系统”中创建“学生成绩表”，如图 7–2 所示，定义并设计合适的结构，然后输入相应的数据。具体要求是将“学号”字段设置为“主键”和“查阅字段”，以引用“学生信息表”中相应字段的值；将“毕业设计”和毕业考核字段均设置为“单精度型”，并且均不能超过 100 分，否则报错。

（3）在“学籍管理系统”中创建“学生学籍表”，如图 7–3 所示，定义并设计合适的结构，然后输入相应的数据。具体要求是将“学号”字段设置为“主键”和“查阅字段”，以引用“学生信息表”中相应字段的值。

学生成绩表

学号	毕业设计	毕业考核
18ds01	92	86
18ds02	50	90
17qw01	65	44
17gs01	90	91
17gs02	80	87
19jd01	0	50
19sk01	86	94

记录: 第 1 项(共 7 项) 无筛选器

图 7-2 创建“学生成绩表”

学生学籍表

学号	入学时间	毕业时间	毕业资格
17gs01	2017/9/1	2020/7/1	
17gs02	2017/9/1	2020/7/1	
17qw01	2017/9/1		
18ds01	2018/9/1	2021/7/1	
18ds02	2018/9/1	2021/7/1	
19jd01	2019/9/1	2022/7/1	
19sk01	2019/9/1	2022/7/1	

记录: 第 7 项(共 7 项) 无筛选器 搜索

图 7-3 创建“学生学籍表”

3. 建立表间关系

将三个表分别按合适的字段建立“实施参照完整性”的一对一或一对多的关系，如图 7-4 所示。

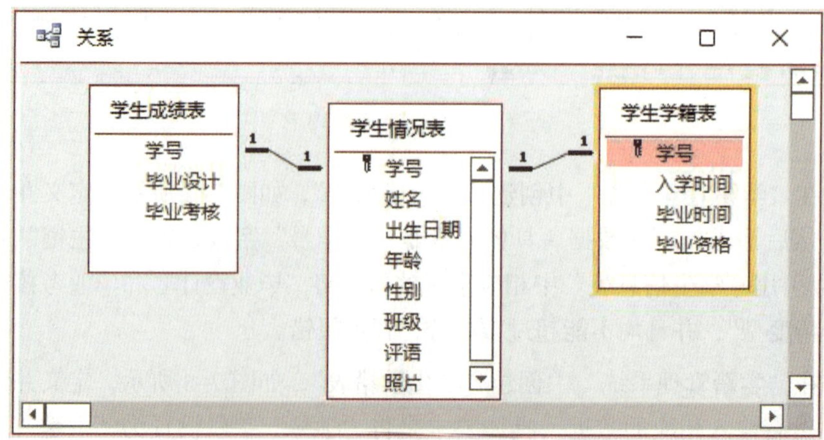

图 7-4 建立表间关系

4. 设计和制作查询

（1）创建“多表信息查询”，如图 7–5 所示，要求显示“学号”“班级”“姓名”“毕业设计”“毕业考核”等字段信息。

多表信息查询

学号	班级	姓名	毕业设计	毕业考核
17gs01	T1733广告设计班	何子健	90	91
17gs02	T1733广告设计班	李庚怀	80	87
17qw01	T1733汽车维修班	曾文静	65	44
18ds01	T1833电子商务班	黄镇芳	92	86
18ds02	T1833电子商务班	张科	50	90
19jd01	T1933机电一体化班	吴泽娜	0	50
19sk01	T1933数控制作班	陈梓勤	86	94

记录：第 1 项(共 7 项) 无筛选器 搜索

图 7–5 创建“多表信息查询”

（2）创建“按输入班级查询”，如图 7–6 所示，依据输入的班级字段值，查询该班级学生的“学号”“姓名”“毕业设计”“毕业考核”等字段信息，查询结果如图 7–7 所示。

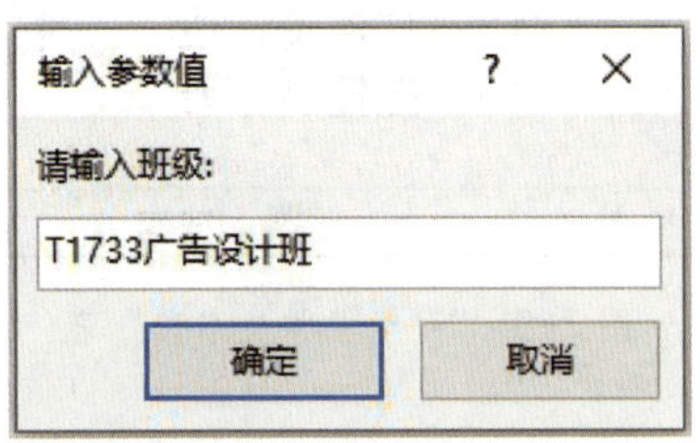

图 7–6 创建“按输入班级查询”

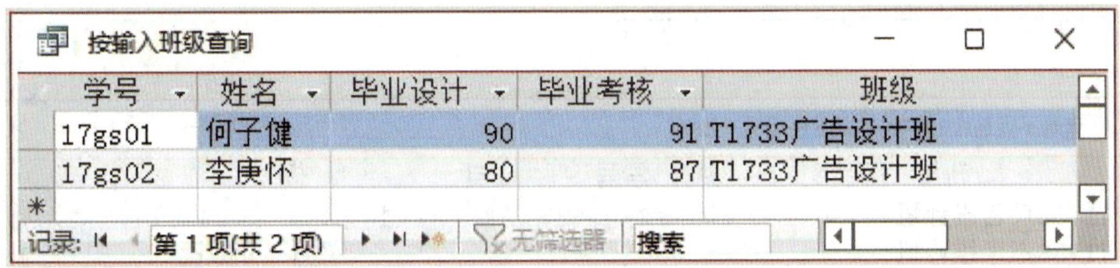
按输入班级查询

学号	姓名	毕业设计	毕业考核	班级
17gs01	何子健	90	91	T1733广告设计班
17gs02	李庚怀	80	87	T1733广告设计班

记录：第 1 项(共 2 项) 无筛选器 搜索

图 7–7 查询结果

（3）创建“填列毕业资格查询”，以判断学生是否取得毕业资格，根据“毕业设计”和“毕业考核”字段类的值填充“毕业资格”字段，若两项成绩都大于等于 60 分，则可以取得毕业资格，填入“是”，更新后的“学生学籍表”如图 7–8 所示。

学生学籍表

学号	入学时间	毕业时间	毕业资格
17gs01	2017/9/1	2020/7/1	是
17gs02	2017/9/1	2020/7/1	是
17qw01	2017/9/1		
18ds01	2018/9/1	2021/7/1	是
18ds02	2018/9/1	2021/7/1	
19jd01	2019/9/1	2022/7/1	
19sk01	2019/9/1	2022/7/1	是

记录: 第 1 项(共 7 项) 无筛选器 搜索

图 7-8 更新后的“学生学籍表”

（4）创建“取得毕业资格学生名单查询”，将“学籍信息表”中可以取得毕业资格学生的“学号”“姓名”“班级”“入学时间”“毕业时间”放入“可毕业学生名单”表中，如图 7-9 所示。

可毕业学生名单

学号	姓名	班级	入学时间	毕业时间
18ds01	黄镇芳	T1833电子商务班	2018/9/1	2021/7/1
17gs01	何子健	T1733广告设计班	2017/9/1	2020/7/1
17gs02	李庚怀	T1733广告设计班	2017/9/1	2020/7/1
19sk01	陈梓勤	T1933数控制作班	2019/9/1	2022/7/1

记录: 第 3 项(共 4 项) 无筛选器 搜索

图 7-9 “可毕业学生名单”表

（5）创建交叉表查询“查看不同班级的学生各评语登记的人数”，以“评语”字段作为分列标题，以学生的“班级”字段作为分行的标题，统计查看各班级学生取得不同评语的人数，查询结果如图 7-10 所示。

查看不同班级的学生各评语登记的人数

班级	总计 学号	良	优	中
T1733广告设计班	2	1	1	
T1733汽车维修班	1			1
T1833电子商务班	2	1	1	
T1933机电一体化班	1			1
T1933数控制作班	1		1	

记录: 第 1 项(共 5 项) 无筛选器 搜索

图 7-10 查询结果

5. 设计和制作窗体

（1）利用“学生信息表”创建“学生基本情况”窗体，如图 7–11 所示，要求在窗体页眉中显示标签“学生基本情况”，文字格式为“20 磅”“楷体”“红色”“居中”，窗体主体背景为“橙色”。

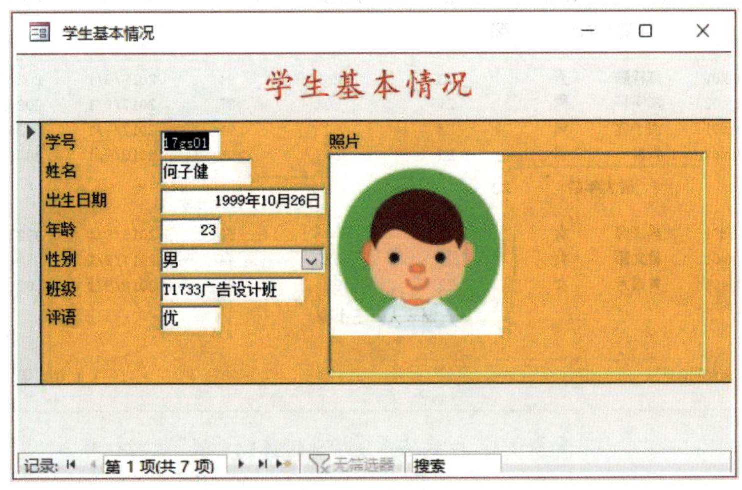

图 7–11　创建“学生基本情况”窗体

（2）利用前面所创建的“可毕业学生名单”表创建“取得毕业资格学生名单窗体”，如图 7–12 所示，布局方式为“表格式”，用于显示可毕业学生的名单信息。

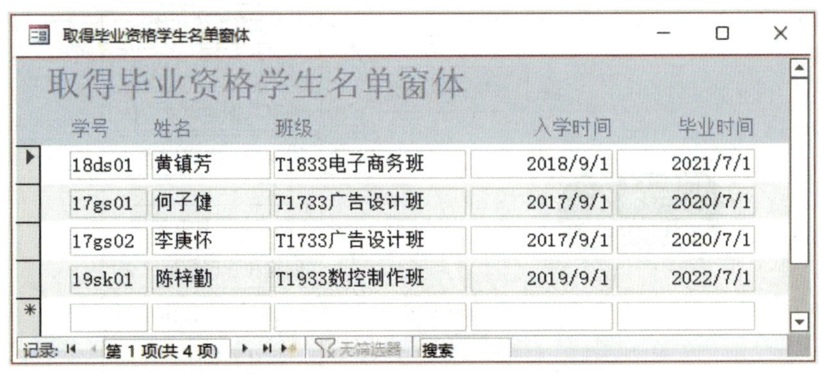
取得毕业资格学生名单窗体

学号	姓名	班级	入学时间	毕业时间
18ds01	黄镇芳	T1833电子商务班	2018/9/1	2021/7/1
17gs01	何子健	T1733广告设计班	2017/9/1	2020/7/1
17gs02	李庚怀	T1733广告设计班	2017/9/1	2020/7/1
19sk01	陈梓勤	T1933数控制作班	2019/9/1	2022/7/1

记录: 第 1 项(共 4 项)　无筛选器　搜索

图 7–12　创建“取得毕业资格学生名单窗体”

6. 设计和制作报表

如图 7–13 所示，创建“学生毕业情况统计表”，具体要求：报表包括学号、姓名、性别、年龄、毕业设计、毕业考核、入学时间、毕业时间等字段；报表布局为“表格式”；根据性别字段分组，体现不同性别学生的最大年龄；报表页眉为“学生毕业情况统计表”，文本格式为“26 磅”“加粗”“华文行楷”；页面页脚为“制表人：×××（你的姓名）”，并居中显示。

学生毕业情况统计表

学生毕业情况统计表

学号	姓名	性别	年龄	毕业设计	毕业考核	入学时间	毕业时间
	最大年龄：		23				
19sk01	陈梓勤	男	23	86	94	2019/9/1	2022/7/1
17gs02	李庚怀	男	21	80	87	2017/9/1	2020/7/1
17gs01	何子健	男	23	90	91	2017/9/1	2020/7/1
18ds02	张科	男	23	50	90	2018/9/1	2021/7/1
	最大年龄：		22				
19jd01	吴泽娜	女	22	0	50	2019/9/1	2022/7/1
17qw01	曾文静	女	21	65	44	2017/9/1	
18ds01	黄镇芳	女	22	92	86	2018/9/1	2021/7/1

制表人：王小丽

2022年10月20日　　共 1 页，第 1 页

图 7-13　创建“学生毕业情况统计表”

二、任务分析

要完成本实训任务，应按照图 7-14 所示的思维导图复习教材中所学的知识点和技能点。

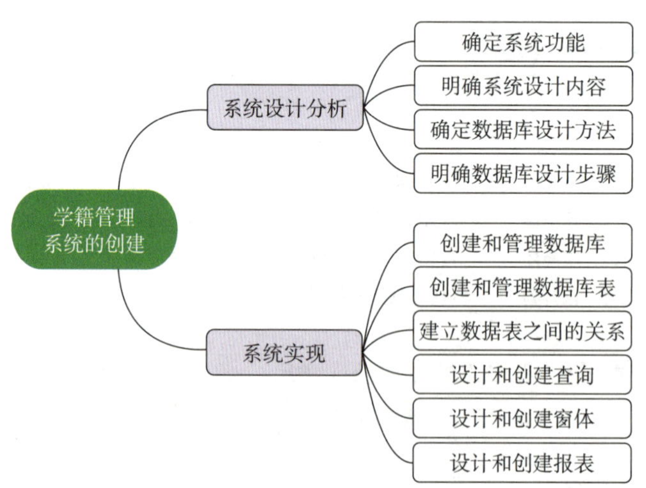

图 7-14　思维导图

本实训任务是对项目六的进一步拓展，包括系统的设计分析和具体开发，在开发过程中包括数据库、表、关系、查询、窗体、报表的综合实践，是对学生数据库设计及开发技能的有效提升。

三、计划制订

学生根据任务分析，自己制订完成本实训任务的实训计划，见表 7–1。

表 7–1　实训计划

序号	工作内容	所需时间

四、操作步骤提示

本实训任务的操作步骤提示见表 7–2。

表 7–2　操作步骤提示

序号	操作步骤	内容
1	创建数据库	启动 Access 2021，新建一个名为“学籍管理系统”的数据库文件，保存到“D:\ 数据库”中
2	建立数据表	（1）创建“学生信息表” 1）在“创建”选项卡的“表格”命令组中，单击“表设计”按钮，进入“设计视图” 2）在字段名称列依次输入“学号、姓名、出生日期、年龄、性别、班级、评语、照片”，将字段类型依次设置为“短文本、短文本、日期 / 时间、数字、短文本、短文本、短文本、OLE 对象” 3）选择“学号”字段，在字段属性区常规选项卡中的“字段大小”文本框中输入“6”，在“输入掩码”文本框中输入“AAAAAA”，在“必须”下拉列表中选择“是”选项，在“表设计”选项卡的“工具”命令组中，单击“主键”按钮，将该字段设置为本表的主键 4）选择“性别”字段，单击该字段对应的数据类型，修改“短文本”为“查阅向导”，在弹出的对话框中选择查阅列的数据来源为“自行键入所需的值”，单击“下一步”按钮，在第一列中分别输入“男”和“女”，单击“下一步”按钮，字段标签设置为“性别”，单击“完成”按钮 5）依据图 7–1 所示输入相应的数据

续表

序号	操作步骤	内容
2	建立数据表	6）单击“保存”按钮，以“学生信息表”为名进行保存 （2）创建“学生学籍表” 1）在“创建”选项卡的“表格”命令组中，单击“表设计”按钮，进入“设计视图” 2）在字段名称列依次输入“学号、入学时间、毕业时间、毕业资格”，将字段类型依次设置为“短文本、日期 / 时间、日期 / 时间、短文本” 3）选择“学号”字段，单击“学号”字段对应的数据类型，修改“短文本”为“查阅向导” 4）在弹出的对话框中选择查阅列的数据来源为“使用查阅字段获取其他表或查询的值”，单击“下一步”按钮 5）在“请选择为查询字段提供数值的表或查询”对话框中选择“学生信息表”选项，单击“下一步”按钮 6）在“可用字段”列表中选择“学号”作为查阅字段的数据源，双击“选中的字段”，将其加入“选定字段”列表中，设置完成后单击“下一步”按钮 7）选择作为排序依据的字段，此处选择默认值，单击“下一步”按钮；指定查阅列的宽度，这将在输入时有所体现，设置完成后单击“下一步”按钮；为查阅列指定的标签，此处选择提取该字段的名称作为默认标签，单击“完成”按钮。选择该字段，在“表设计”选项卡的“工具”命令组中，单击“主键”按钮，将该字段设置为本表的主键 8）依据图 7–3 所示输入相应的数据 9）单击“保存”按钮，以“学生学籍表”为名进行保存 （3）创建“学生成绩表” 方法与创建“学生学籍表”大致相同 1）“学号”字段仍然设置为“主键”和“查阅向导”，依据对话框提示完成操作即可 2）“毕业设计”和“毕业考核”字段类型均设置为“数字”，在常规选项卡中字段的大小选择为“单精度型”，在验证规则文本框中输入“>=0 And <=100”，在验证文本框中输入“成绩不能大于 100 或小于 0” 3）依据图 7–2 所示输入相应的数据 4）单击“保存”按钮，以“学生成绩表”为名进行保存
3	建立表间关系	（1）打开“数据库工具”选项卡，单击“关系”命令组中的“关系”按钮，由于“学生成绩表”和“学生学籍表”的“学号”字段构造查阅字段时，分别引用了“学生信息表”的“学号”字段作为列表来源，所以这三个表已经存在某种联系

续表

序号	操作步骤	内容
3	建立表间关系	（2）如果没有建立关系，首先建立“学生信息表”和“学生学籍表”之间的关系，在“关系”窗口中选取“学生信息表”的“学号”字段，将其拖曳至“学生学籍表”的“学号”字段上，弹出“编辑关系”对话框，勾选“实施参照完整性”复选框，单击“创建”按钮，可建立“学生信息表”和“学生学籍表”的关系；其次利用同样方法创建“学生信息表”和“学生成绩表”之间的关系，关联字段都是“学号”
4	设计和制作查询	创建查询可以通过查询向导、查询设计器等多种方法实现 （1）创建“多表信息查询” 在“创建”选项卡的“查询”命令组中，单击“查询设计”按钮，将“学生信息表”和“学生成绩表”添加到设计视图窗口的上方，将“学生信息表”中的“学号”“班级”“姓名”字段和“学生成绩表”中的“毕业设计”“毕业考核”字段添加到下方的设计区中，保存查询名为“多表信息查询”，单击“运行”按钮 （2）创建“按输入班级查询” 在“创建”选项卡的“查询”命令组中，单击“查询设计”按钮，将“学生信息表”和“学生成绩表”添加到设计视图窗口的上方，将“学生信息表”中的“学号”“姓名”“班级”字段和“学生成绩表”中的“毕业设计”“毕业考核”字段添加下方的设计区中，在“班级”字段的“条件”行文本框中输入“[请输入班级：]”，保存查询名为“按输入班级查询”，单击“运行”按钮 （3）创建“填列毕业资格查询” 方法一 1）在“创建”选项卡的“查询”命令组中，单击“查询设计”按钮 2）切换至“SQL视图”，输入命令“UPDATE 学生学籍表 INNER JOIN 学生成绩表 ON 学生学籍表 . 学号 = 学生成绩表 . 学号 SET 学生学籍表 . 毕业资格 = " 是 " WHERE (((学生成绩表 . 毕业设计)>=60) AND ((学生成绩表 . 毕业考核)>=60));” 3）按要求保存查询并运行即可 方法二 1）在“创建”选项卡的“查询”命令组中，单击“查询设计”按钮，打开“设计视图”，将“学生学籍表”和“学生成绩表”添加到设计器中作为数据源 2）在“查询设计”选项卡的“查询类型”命令组中，单击“更新”按钮 3）从“学生学籍表”添加“毕业资格”字段到“字段列表区”，从“学生成绩表”中添加“毕业设计”“毕业考核”字段到“字段列表区”

续表

序号	操作步骤	内容
4	设计和制作查询	4）在“毕业设计”和“毕业考核”字段的“条件”行中输入“>=60” 5）在“毕业资格”字段的“更新为”输入“是” 6）将查询保存为“填列毕业资格查询”，运行查询执行更新操作 （4）设计“取得毕业资格学生名单查询” 1）首先在“创建”选项卡的“查询”命令组中，单击“查询设计”按钮，进入“设计视图”；然后在“查询设计”选项卡的“查询类型”命令组中，单击“生成表”按钮 2）弹出的“生成表”对话框，在“表名称”下拉菜单中选择该“生成表”查询将要创建的数据表名称为“可毕业学生名单”，目的数据库为“当前数据库” 3）切换至“SQL 视图”，在“SQL 视图”命令窗口中输入 SQL 命令“SELECT 学生信息表 . 学号 , 学生信息表 . 姓名 , 学生信息表 . 班级 , 学生学籍表 . 入学时间 , 学生学籍表 . 毕业时间 INTO 可毕业学生名单 FROM 学生信息表 INNER JOIN 学生学籍表 ON 学生信息表 . 学号 = 学生学籍表 . 学号 WHERE (((学生学籍表 . 毕业资格) = " 是 "));” 4）在“查询设计”选项卡的“结果”命令组中，单击“运行”按钮 5）弹出对话框提示“您正准备向新表粘贴 4 行”，单击“是”按钮 6）新的数据表“可毕业学生名单”创建完成并添加到了数据库中，在导航窗格中的“表”组可以进行查看 7）单击“保存”按钮，在“另存为”对话框中输入查询名称为“取得毕业资格学生名单查询”，单击“确定”按钮，生成表查询创建完成 （5）创建“查看不同班级的学生各评语登记的人数查询” 1）在“创建”选项卡的“查询”命令组中，单击“查询向导”按钮，弹出“新建查询”对话框 2）选择“交叉表查询向导”选项，单击“确定”按钮，弹出“交叉表查询向导”的第 1 个对话框 3）指定交叉表查询的数据源为“学生信息表”，单击“下一步”按钮，弹出“查询向导”的第 2 个对话框，确定交叉表查询的行标题字段 4）在“可用字段”列表中将“班级”字段添加到“选定字段”列表中，单击“下一步”按钮，弹出“交叉表查询向导”的第 3 个对话框，确定交叉表查询中的行标题字段为“班级” 5）单击“下一步”按钮，弹出“交叉表查询向导”的第 4 个对话框，将“评语”字段作为列标题 6）单击“下一步”按钮，弹出“交叉表查询向导”的第 5 个对话框，确定行列交叉点的值字段及函数，选择“学号”字段作为交叉表的值，并设置“函数”为“计数”

续表

序号	操作步骤	内容
4	设计和制作查询	7）单击“下一步”按钮，弹出“交叉表查询向导”的第6个对话框，输入“查看不同班级的学生各评语登记的人数”作为查询的名称 8）默认选择了“查看查询”单选按钮，单击“完成”按钮，即可查看查询结果
5	设计和制作窗体	（1）创建“学生基本情况窗体” 1）在导航窗格中选择“表”对象列表中的“学生信息表”作为窗体的数据源 2）在“创建”选项卡的“窗体”命令组中，单击“窗体”按钮，快速创建“学生基本情况窗体” 3）调整各个控件的位置，使之排列均匀、美观；修改标签“学生信息”为“学生基本情况”，选择该标签，在“开始”选项卡的“文本格式”命令组中，单击“居中对齐”按钮；选中文本，设置字体为“楷体”、文本大小为“20磅”、颜色为“红色” 4）选中窗体主体部分，在“属性表”中，找到“背景色”属性，设置颜色为“橙色”，或直接在文本框中输入“#FFC20E” 5）单击“保存”按钮，保存文件名为“学生基本情况窗体” （2）创建“取得毕业资格学生名单窗体” 1）在导航窗格中选择“表”对象列表中的“可毕业学生名单”表作为窗体的数据源，在“创建”选项卡的“窗体”命令组中，单击“窗体向导”按钮，弹出“窗体向导”对话框 2）在“可用字段”中选中所有字段，添加到“选定字段”列表框中，单击“下一步”按钮 3）在布局方式中选择“表格”选项，单击“下一步”按钮 4）为窗体指定标题为“取得毕业资格学生名单窗体”，然后选中“打开窗体查看或输入信息”单选按钮 5）单击“完成”按钮，结束创建窗体操作，可以查看窗体运行的结果
6	设计和制作报表	创建“学生毕业情况统计表” （1）在“创建”选项卡的“报表”命令组中，单击“报表向导”按钮，弹出“报表向导”对话框 （2）添加报表所需的字段：从“学生信息表”中添加“学号”“姓名”“性别”“年龄”四个字段，从“学生成绩表”中添加“毕业设计”“毕业考核”两个字段，从“学生学籍表”中添加“入学时间”“毕业时间”两个字段，添加完成后，单击“下一步”按钮 （3）在“报表向导”对话框中提示是否添加分组，选择默认不做分组，单击“下一步”按钮

续表

序号	操作步骤	内容
6	设计和制作报表	（4）在“报表向导”对话框中提示确定排序依据，此处不做选择 （5）单击“下一步”按钮，在弹出的“报表向导”对话框中，设置布局方式为“表格”、方向为“纵向” （6）单击“下一步”按钮，为报表指定标题为“学生毕业情况统计表”，然后选中“预览报表”单选按钮，单击“完成”按钮 （7）切换至“设计视图”，在“报表设计”选项卡的“分组与汇总”命令组中，单击“分组与排序”按钮，在下方打开“分组、排序和汇总”窗口，在窗口中单击“添加组”按钮，弹出“字段列表”分组对话框，在列表中选择“性别”字段，在报表主体节上面添加了“性别页眉”节，关闭“分组与排序”窗格 （8）在“报表设计”选项卡的“控件”命令组中，单击“文本框”按钮，在“性别页眉”中添加一个文本框控件，在文本框中输入计算表达式“= MAX（[年龄]）”，并将其标签文本修改为“最大年龄:” （9）在“报表设计”选项卡的“控件”命令组中，单击“标签”按钮，在“报表页脚”中添加一个标签控件，并输入文本“制表人：×××” （10）选中报表标题“学生毕业情况统计表”，设置其文本格式为“26磅、加粗、华文行楷，居中对齐”；设置制表人标签格式为“居中和文字加粗”，调整所有控件及文字格式，使整个报表美观、合理，单击“保存”按钮

五、总结与评价

实训完成后，学生分组总结实训成果，分享完成实训过程的心得体会。总结结束后，可以从工具使用、软件操作、作品效果、成果展示等方面对实训任务进行评价，采用学生自评、学生互评、教师评价相结合的多元评价方式，见表 7–3。

表 7–3　实训评价

序号	评价要求	分值 / 分	学生自评（占比 30%）	学生互评（占比 30%）	教师评价（占比 40%）
1	学籍管理系统数据库是否创建成功	10			
2	3 个数据表是否创建成功，内容是否合理，对其操作结果与任务提供的参考进行比较是否一致	15			
3	表间关系是否创建成功，参照完整性是否正确、合理	10			

续表

序号	评价要求	分值/分	学生自评（占比30%）	学生互评（占比30%）	教师评价（占比40%）
4	5个查询是否创建成功，内容是否合理，对其操作结果与任务提供的参考进行比较是否一致	25			
5	2个窗体是否创建成功，布局方式是否合理，各控件格式是否与样板一致，对其操作结果与任务提供的参考进行比较是否一致	10			
6	报表是否创建成功，要求的字段是否正确、全面；布局方式是否为“表格”；是否依据“性别”字段进行了分组，分组函数是否正确；报表页眉和页眉页脚的内容是否存在，整个报表是否美观、格式正确；对其操作结果与任务提供的参考进行比较是否一致	20			
7	任务操作是否熟练，时间分配是否合理	10			
综合得分		100			

六、实训拓展

1. 创建“毕业时间为2020年7月1日且具有毕业资格的学生信息”查询，要求显示“学号”“姓名”“班级”“出生日期”“毕业设计”“毕业考核”“毕业资格”“毕业时间”等字段信息，查询结果如图7–15所示。

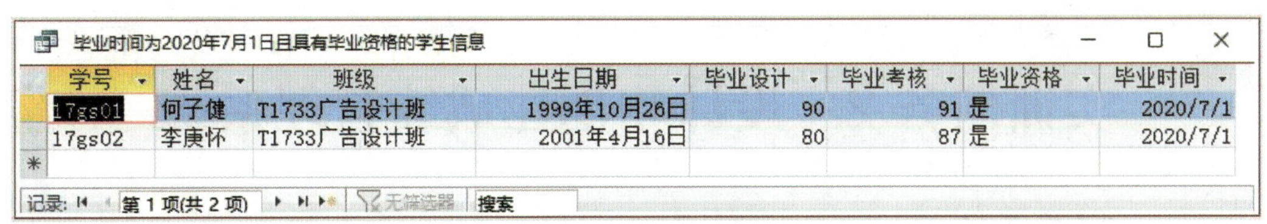
毕业时间为2020年7月1日且具有毕业资格的学生信息

学号	姓名	班级	出生日期	毕业设计	毕业考核	毕业资格	毕业时间
17gs01	何子健	T1733广告设计班	1999年10月26日	90	91	是	2020/7/1
17gs02	李庚怀	T1733广告设计班	2001年4月16日	80	87	是	2020/7/1

记录: 第1项(共2项)　无筛选器　搜索

图7–15　查询结果

2. 创建“查看各班级不同性别的学生人数”查询，以学生的“性别”字段作为分行的标题，以“班级”字段作为分列的标题，统计查看各班级不同性别的学生人数，操作结果如图7–16所示。

查看各班级不同性别的学生人数

性别	总计 学号	T1733广告设计班	T1733汽车维修班	T1833电子商务班	T1933机电一体化班	T1933数控制作班
男	4	2		1		1
女	3		1	1	1	

记录: 第 1 项(共 2 项) 无筛选器 搜索

图 7-16 操作结果

3. 以前面已经创建的“学生基本情况窗体”为基础，修改其设计，分别添加“转至上一条记录”“转至下一条记录”“保存记录”“删除记录”“添加新记录”“关闭窗体”按钮，窗体视图效果如图 7-17 所示，窗体命名不变。

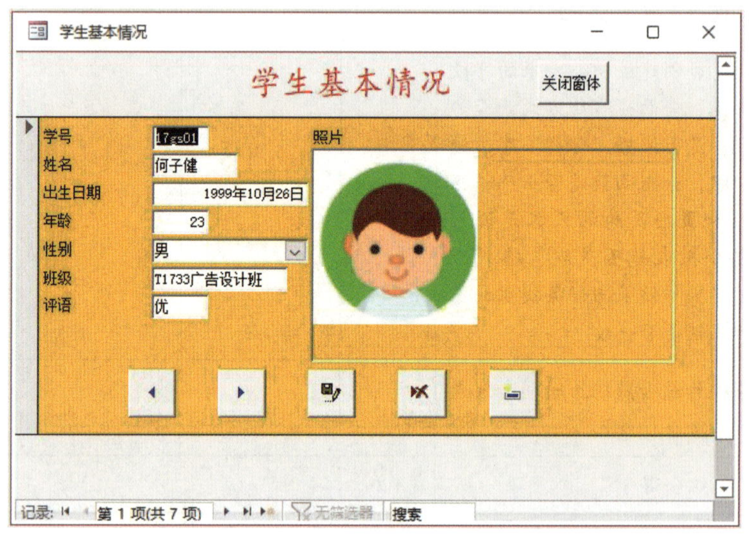

图 7-17 窗体视图效果

实训任务 2 设计和创建成绩管理系统

一、实训任务

通过实训任务 1，完成了学籍管理系统的创建，其中包括了成绩的相关信息，只是实训任务 1 的成绩信息还较为简单，在实际应用中，一个学校可能有上万学生，成绩管理工作就会变得纷繁复杂。本实训任务就是建立一个成绩管理系统数据库，其主要目的是通过对学生成绩相关信息的录入、修改与管理，能够方便地查询学生选修课程的情况及学生、课程、成绩的基本信息。

（一）系统设计分析

1. 确定系统功能

“成绩管理系统”的功能如下。

（1）录入和维护学生的基本信息。

（2）录入和维护成绩的信息。

（3）录入和维护课程的信息。

（4）能够按照各种方式方便地浏览学生的选课信息、成绩信息。

（5）能够完成基本的统计分析功能，并能生成统计报表打印输出。

2. 系统设计内容

针对“成绩管理系统”的功能需求，完成以下设计工作。

（1）创建“成绩管理系统”数据库，用于管理系统的各类对象。

（2）创建“学生表”“成绩表”“课程表”，分别用于存储学生信息、成绩信息、课程信息。

（3）创建相关数据表之间的关系，以便数据操作统一协调。

（4）创建查询查找所有学生的选课信息，创建查询查找相同学分的课程信息，设计查询以显示相同学分不同选课类型的课程信息，设计查询查找每名学生总评成绩及格的课程数量及已修学分情况，设计查询统计每个学生各学年平均总评成绩的平均值。

（5）创建“成绩信息窗体”，用于显示、录入、编辑学生各项信息；创建“学生信息多项目窗体”，用于同时显示多个记录；创建“课程信息数据表式窗体”，以显示课程的相关信息；创建“学生成绩查询”窗体，窗体为嵌入式的子窗体，用于通过子窗体显示学生各科考试成绩的信息。

（6）创建纵览式“学生基本情况报表”，显示学生的主要信息；“学生各科总评成绩报表”，按“姓名”分组显示学生所有课程的成绩；在“学生各科总评成绩报表”的基础上创建“显示平均分的学生各科总评成绩报表”，分组显示每个学生各科目总评成绩的平均分；创建“学生政治面貌占比图报表”，通过图表报表显示班级学生的政治面貌占比情况。

（二）系统实现

1. 创建数据库

创建一个名为“成绩管理系统”的数据库文件，保存到“D:\ 数据库”中。

2. 创建数据表

通过分析“学生表”“成绩表”“课程表”中各个字段的数据特点，结合工作和生活中的常识、规律及特殊要求确定表中各个字段的基本属性。

（1）创建“学生表”的结构，见表 7–4，完成后对数据进行录入。

表 7–4 “学生表”的结构

字段名称	数据类型	字段大小	其他设置	说明
学号	短文本	12	主键，必填字段	—
姓名	短文本	10	必填字段	—
性别	短文本	1	必填字段，默认值属性设置为“男”	—
出生日期	日期 / 时间	—	—	—
政治面貌	查阅向导	5	字段设置为查阅列表，列表中显示的数据值为“中共党员、共青团员、群众、其他”	—
毕业学校	短文本	15	—	—
所在班级	短文本	10	—	—
照片	附件	—	—	—

（2）创建“成绩表”的结构，见表 7–5，将保存在素材文件夹下的“成绩 .xlsx”文件导入，完成该表数据的录入。

表 7–5 “成绩表”的结构

字段名称	数据类型	字段大小	其他设置	说明
学号	短文本	12	必填字段，与“课程代码”字段一起设置为“联合主键”	—
学年	短文本	10	—	—
学期	数字	整型	设置字段大小为“整型”，小数位数为“0”，默认值为“空”	—
课程代码	短文本	3	必填字段，与“学号”字段一起设置为“联合主键”	—
平时成绩	数字	单精度型	将“有效性规则”属性设置为“>=0”，“有效性文本”属性设置为“请输入正数!”	必须为正数

续表

字段名称	数据类型	字段大小	其他设置	说明
考试成绩	数字	单精度型	将“有效性规则”属性设置为“>=0”，“有效性文本”属性设置为“请输入正数!”	必须为正数
总评成绩	数字	单精度型	将“有效性规则”属性设置为“>=0”，“有效性文本”属性设置为“请输入正数!”	必须为正数

（3）创建“课程表”的结构，见表 7-6，完成后对数据进行录入。

表 7-6 “课程表”的结构

字段名称	数据类型	字段大小	其他设置	说明
课程代码	短文本	3	主键，必填字段	—
课程名称	短文本	20	—	—
课程类别	短文本	3	—	—
学分	数字	长整型	—	—

3. 建立表间关系

将三个表分别按合适的字段建立“实施参照完整性”的一对一或一对多的关系，如图 7-18 所示。

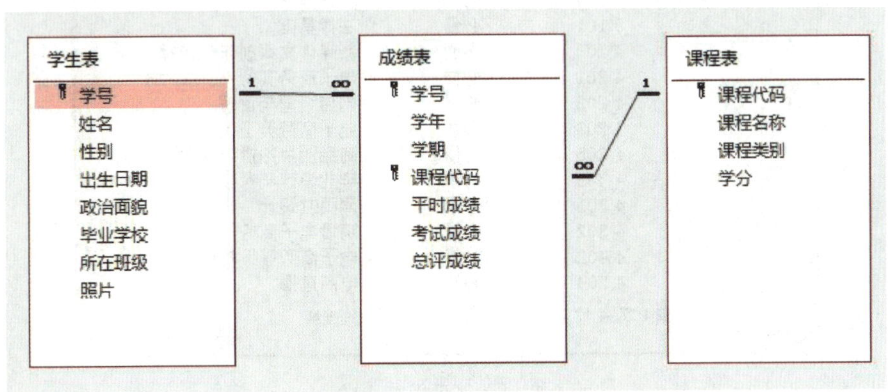

图 7-18　建立表间关系

4. 设计和创建查询

（1）使用“简单查询向导”查找所有学生的选课情况，并显示学号、姓名、所在班级、课程名称、学年、学期、平时成绩、考试成绩和总评成绩等信息，查询命名为“所有学生信息查询”，查询结果如图 7–19 所示。

所有学生信息查询

学号	姓名	所在班级	课程名称	学年	学期	平时成绩	考试成绩	总评成绩
201810011001	陈泽涛	18电子商务1班	法律基础	2019-2020	1	95	91	92.2
201810011002	陈林浩	18电子商务1班	法律基础	2019-2020	1	95	66	74.7
201810011003	周浩森	18电子商务1班	法律基础	2019-2020	1	95	82	85.9
201810011004	赖玲	18电子商务1班	法律基础	2019-2020	1	95	87	89.4
201810011005	黄权俊	18电子商务1班	法律基础	2019-2020	1	95	60	70.5
201810011006	李静思	18电子商务1班	法律基础	2019-2020	1	95	71	78.2
201810011007	王海珽	18电子商务1班	法律基础	2019-2020	1	45	46	45.7
201810011008	沈东升	18电子商务1班	法律基础	2019-2020	1	95	88	90.1
201810011009	蔡嘉康	18电子商务1班	法律基础	2019-2020	1	95	66	74.7
201810011010	曾湖江	18电子商务1班	法律基础	2019-2020	1	95	84	87.3
201910012001	刘慧	19电子商务2班	经济常识	2019-2020	2	95	70	77.5
201910012002	戚广杰	19电子商务2班	经济常识	2019-2020	2	95	86	88.7
201910012003	张宏滨	19电子商务2班	经济常识	2019-2020	2	50	60	57
201910012004	陈禧凤	19电子商务2班	经济常识	2019-2020	2	95	78	83.1
201910012005	陈广	19电子商务2班	经济常识	2019-2020	2	95	78	83.1
201910012006	曾文婷	19电子商务2班	经济常识	2019-2020	2	95	86	88.7
201910012007	童少龙	19电子商务2班	经济常识	2019-2020	2	95	87	89.4

记录: 第 1 项(共 180 项) 无筛选器 搜索

数据表视图

图 7–19 查询结果 1

（2）使用“查找重复项查询向导”查找“课程表”中具有相同学分的课程，显示学分、课程代码、课程类别、课程名称等信息，查询结果如图 7–20 所示。

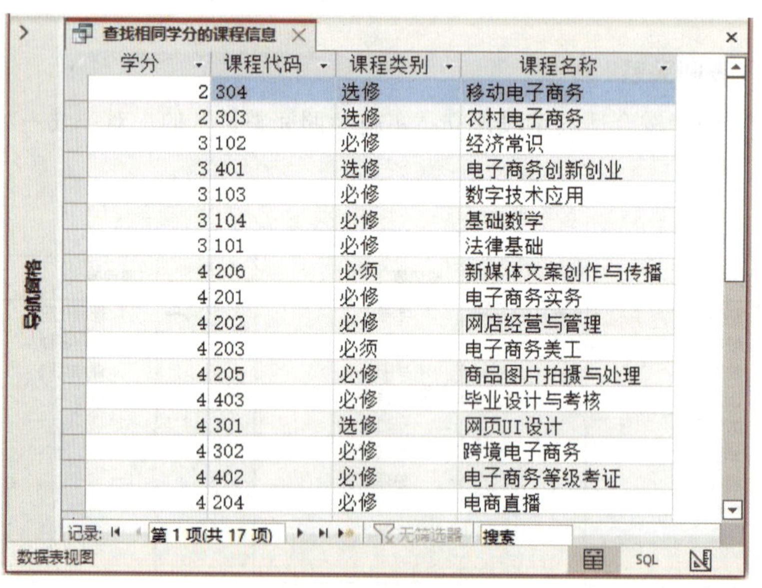

查找相同学分的课程信息

学分	课程代码	课程类别	课程名称
2	304	选修	移动电子商务
2	303	选修	农村电子商务
3	102	必修	经济常识
3	401	选修	电子商务创新创业
3	103	必修	数字技术应用
3	104	必修	基础数学
3	101	必修	法律基础
4	206	必须	新媒体文案创作与传播
4	201	必修	电子商务实务
4	202	必修	网店经营与管理
4	203	必须	电子商务美工
4	205	必修	商品图片拍摄与处理
4	403	必修	毕业设计与考核
4	301	选修	网页UI设计
4	302	必修	跨境电子商务
4	402	必修	电子商务等级考证
4	204	必修	电商直播

记录: 第 1 项(共 17 项) 无筛选器 搜索

数据表视图

图 7–20 查询结果 2

（3）创建查询查找“课程表”中学分为 3 学分、课程类别为“必修”的课程信息，要求显示课程代码、课程名称、课程类别等信息，并按课程代码升序排序，查询结果如图 7–21 所示。

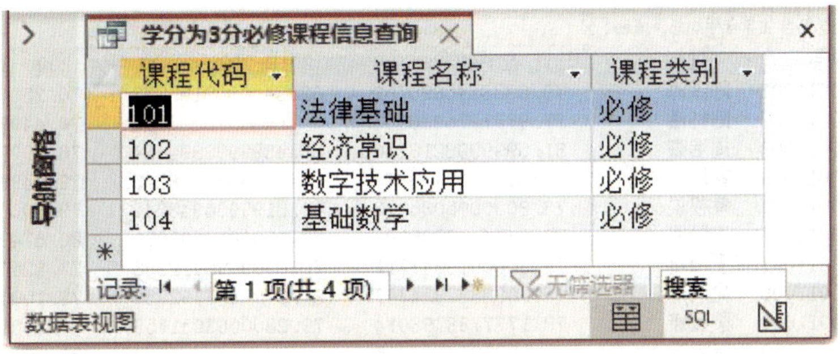

课程代码	课程名称	课程类别
101	法律基础	必修
102	经济常识	必修
103	数字技术应用	必修
104	基础数学	必修

图 7-21　查询结果 3

（4）创建查询统计每名学生所修课程中总评成绩及格（>=60 分）的课程数量及已修学分合计，显示姓名、及格门次、已修学分等信息，查询命名为“每名学生总评成绩及格的课程门次及已修学分”，查询结果如图 7-22 所示。

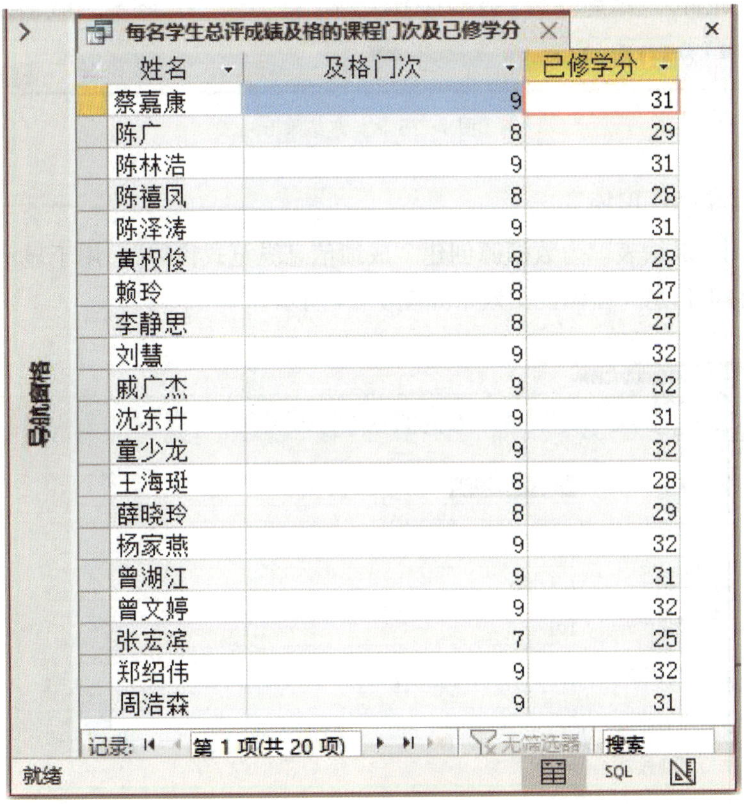

姓名	及格门次	已修学分
蔡嘉康	9	31
陈广	8	29
陈林浩	9	31
陈禧凤	8	28
陈泽涛	9	31
黄权俊	8	28
赖玲	8	27
李静思	8	27
刘慧	9	32
戚广杰	9	32
沈东升	9	31
童少龙	9	32
王海斑	8	28
薛晓玲	8	29
杨家燕	9	32
曾湖江	9	31
曾文婷	9	32
张宏滨	7	25
郑绍伟	9	32
周浩森	9	31

图 7-22　查询结果 4

（5）以“所有学生选课信息”查询为数据源，创建交叉表查询，统计每个学生各学年的平均总评成绩，行标题为“学号”“姓名”，列标题为“学年”，查询名称为“交叉表查询 - 学生学年平均总评成绩”，查询结果如图 7-23 所示。

导航窗格

交叉表查询-学生学年平均总评成绩

学号	姓名	总计 总评成绩	2019-2020	2020-2021
201810011001	陈泽涛	79.6333346896701	82.3400009155273	76.2500019073486
201810011002	陈林浩	77.9777776930067	84	70.4499998092651
201810011003	周浩森	81.5999993218316	85.4399993896484	76.7999992370605
201810011004	赖玲	77.966665479872	82.2199996948242	72.6499977111816
201810011005	黄权俊	73.8000005086263	69.3199996948242	79.400015258789
201810011006	李静思	78.6444447835286	77.0200012207031	80.6749992370605
201810011007	王海珽	76.3000000847711	75.0799995422363	77.8250007629395
201810011008	沈东升	80.033332824707	81.5799987792969	78.1000003814697
201810011009	蔡嘉康	78.1777788798014	79.2800003051758	76.8000020980835
201810011010	曾湖江	79.0222227308485	77.4	81.0500011444092
201910012001	刘慧	77.3555552164714	82.5	70.9249992370605
201910012002	戚广杰	81.9111099243164	84.9199981689453	78.1499996185303
201910012003	张宏滨	72.7666685316298	70.2200012207031	75.9500026702881
201910012004	陈禧凤	76.6777771843804	81.7799987792969	70.3000001907349
201910012005	陈广	77.7666664123535	76.6200004577637	79.1999988555908
201910012006	曾文婷	80.8222215440538	79.9199996948242	81.9499988555908
201910012007	童少龙	81.1666679382324	82.600015258789	79.3750009536743
201910012008	薛晓玲	77.5777774386936	75.5399993896484	80.125
201910012009	郑绍伟	80.7444441053602	78.6399993896484	83.375
201910012010	杨家燕	82.1444447835286	83.6	80.3250007629395

记录: 第 1 项(共 20 项) 无筛选器 搜索

数据表视图 SQL

图 7-23　查询结果 5

5. 设计和制作窗体

（1）利用“成绩表”为数据源创建“成绩信息纵览式窗体”，用于显示、录入、编辑学生各项目的信息，窗体视图效果如图 7-24 所示。

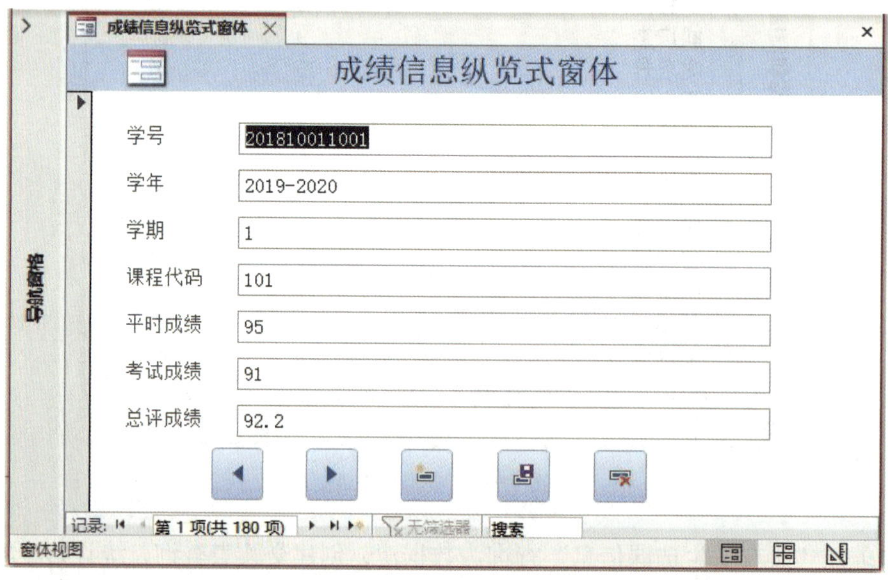

图 7-24　窗体视图效果 1

（2）以“学生表”为数据源创建“学生信息多项目窗体”，窗体视图效果如图 7–25 所示。

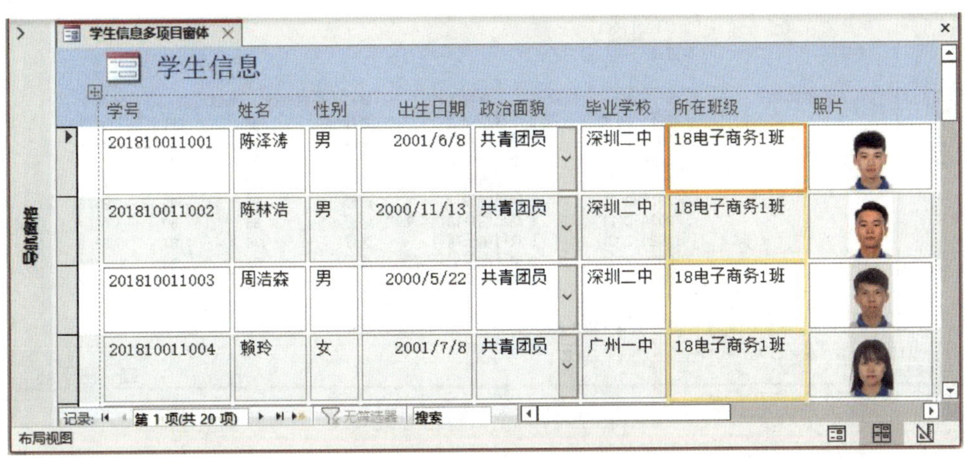
学生信息多项目窗体
学生信息

学号	姓名	性别	出生日期	政治面貌	毕业学校	所在班级	照片
201810011001	陈泽涛	男	2001/6/8	共青团员	深圳二中	18电子商务1班	
201810011002	陈林浩	男	2000/11/13	共青团员	深圳二中	18电子商务1班	
201810011003	周浩森	男	2000/5/22	共青团员	深圳二中	18电子商务1班	
201810011004	赖玲	女	2001/7/8	共青团员	广州一中	18电子商务1班	

图 7–25　窗体视图效果 2

（3）以“课程表”为数据源，创建“课程信息数据表式窗体”，窗体视图效果如图 7–26 所示。

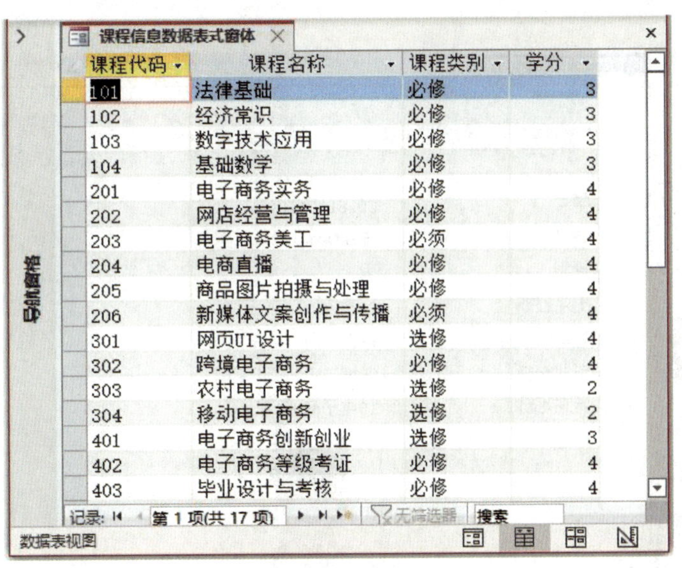
课程信息数据表式窗体

课程代码	课程名称	课程类别	学分
101	法律基础	必修	3
102	经济常识	必修	3
103	数字技术应用	必修	3
104	基础数学	必修	3
201	电子商务实务	必修	4
202	网店经营与管理	必修	4
203	电子商务美工	必须	4
204	电商直播	必修	4
205	商品图片拍摄与处理	必修	4
206	新媒体文案创作与传播	必须	4
301	网页UI设计	选修	4
302	跨境电子商务	必修	4
303	农村电子商务	选修	2
304	移动电子商务	选修	2
401	电子商务创新创业	选修	3
402	电子商务等级考证	必修	4
403	毕业设计与考核	必修	4

图 7–26　窗体视图效果 3

（4）以“学生表”“课程表”“成绩表”为数据源，使用“窗体向导”创建“学生成绩查询”窗体，窗体为嵌入式的子窗体，用于通过子窗体显示学生的各科考试成绩信息，主体窗体命名为“学生成绩查询”，子窗体命名为“各科考试成绩”，窗体视图效果如 7–27 所示。

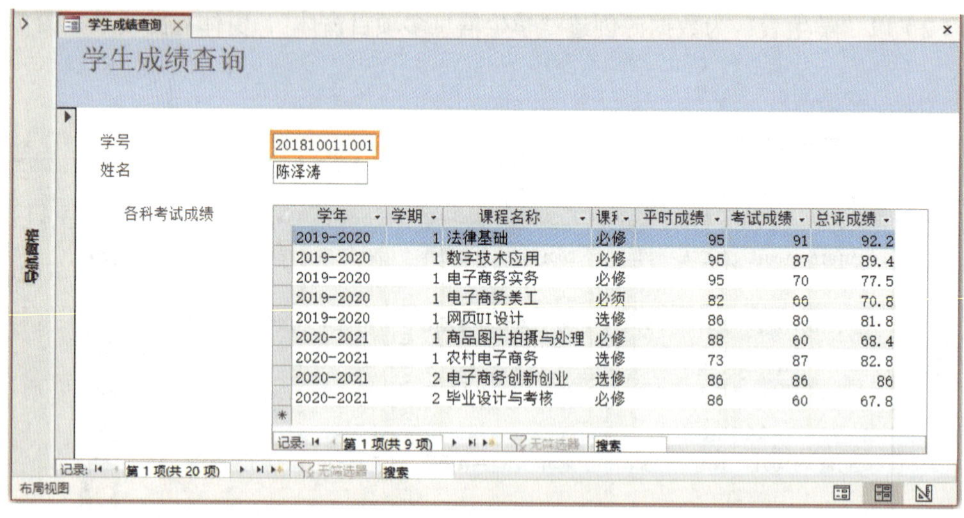

学年	学期	课程名称	课程	平时成绩	考试成绩	总评成绩
2019-2020	1	法律基础	必修	95	91	92.2
2019-2020	1	数字技术应用	必修	95	87	89.4
2019-2020	1	电子商务实务	必修	95	70	77.5
2019-2020	1	电子商务美工	必须	82	66	70.8
2019-2020	1	网页UI设计	选修	86	80	81.8
2020-2021	1	商品图片拍摄与处理	必修	88	60	68.4
2020-2021	1	农村电子商务	选修	73	87	82.8
2020-2021	2	电子商务创新创业	选修	86	86	86
2020-2021	2	毕业设计与考核	必修	86	60	67.8

图 7-27 窗体视图效果 4

6. 设计和制作报表

（1）使用“报表向导”创建纵览式报表，以“学生基本情况报表”进行命名，要求显示每个学生的学号、姓名、性别、出生日期、政治面貌、毕业学校、所在班级、照片等信息，报表视图显示效果如图 7-28 所示。

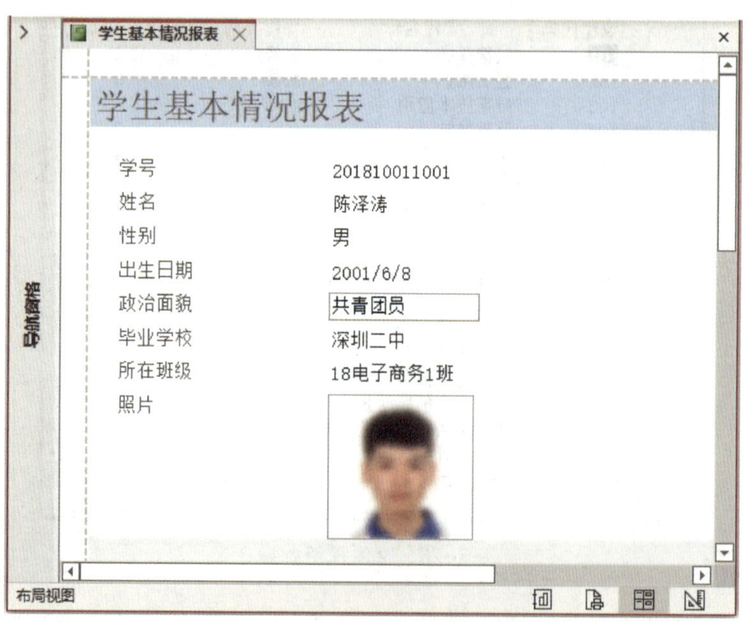

图 7-28 报表视图显示效果 1

（2）使用“报表向导”创建“学生各科总评成绩报表”，要求能够按“姓名”进行分组显示学生所有课程的成绩，输出字段包括姓名、学号、课程代码、课程名称、总评成绩等，按“学号”进行升序排列，报表视图显示效果如图 7-29 所示。

学生各科总评成绩报表

学生各科总评成绩报表

姓名	学号	课程代码	课程名称	总评成绩
蔡嘉康	201810011009	403	毕业设计与考核	63.3
	201810011009	103	数字技术应用	85.4
	201810011009	401	电子商务创新创业	86.3
	201810011009	205	商品图片拍摄与处理	67.8
	201810011009	303	农村电子商务	89.8
	201810011009	201	电子商务实务	67.5
	201810011009	101	法律基础	74.7
	201810011009	301	网页UI设计	86
	201810011009	203	电子商务美工	82.8
陈广	201910012005	304	移动电子商务	85.1
	201910012005	104	基础数学	50.7
	201910012005	206	新媒体文案创作与传播	76
	201910012005	202	网店经营与管理	80.8
	201910012005	402	电子商务等级考证	81.2
	201910012005	302	跨境电子商务	82.8
	201910012005	403	毕业设计与考核	74.5

导航窗格　布局视图

图 7-29　报表视图显示效果 2

（3）在“学生各科总评成绩报表”的基础上，增加学生各科总评成绩的平均分，并通过设置计算型控件的格式属性，使得平均分只保留两位小数，报表命名为“学生各科总评成绩平均分报表”，报表视图显示效果如图 7-30 所示。

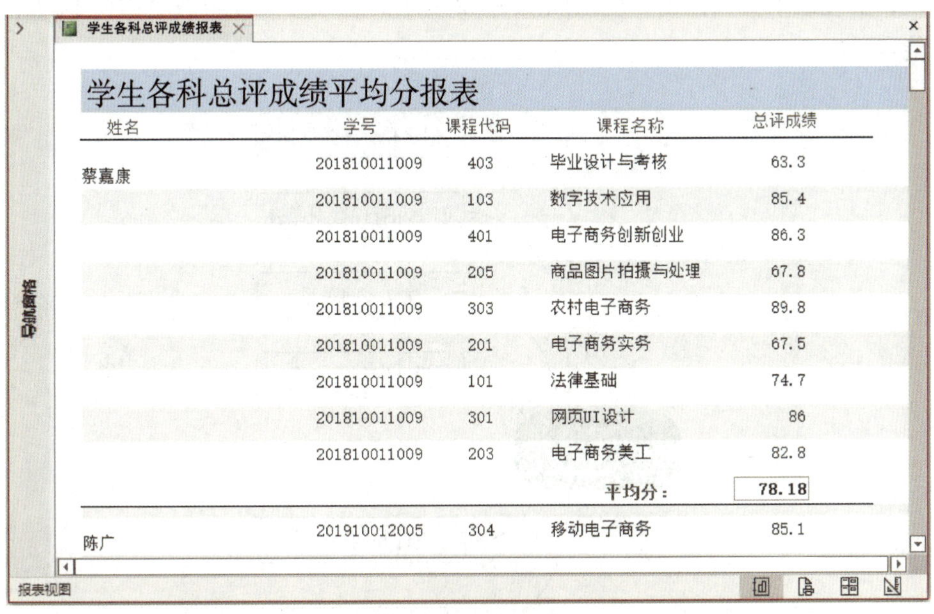

学生各科总评成绩报表

学生各科总评成绩平均分报表

姓名	学号	课程代码	课程名称	总评成绩
蔡嘉康	201810011009	403	毕业设计与考核	63.3
	201810011009	103	数字技术应用	85.4
	201810011009	401	电子商务创新创业	86.3
	201810011009	205	商品图片拍摄与处理	67.8
	201810011009	303	农村电子商务	89.8
	201810011009	201	电子商务实务	67.5
	201810011009	101	法律基础	74.7
	201810011009	301	网页UI设计	86
	201810011009	203	电子商务美工	82.8
			平均分：	78.18
陈广	201910012005	304	移动电子商务	85.1

导航窗格　报表视图

图 7-30　报表视图显示效果 3

（4）以“学生表”为数据源，利用“报表设计”功能创建“学生政治面貌占比图报表”，报表视图显示效果如图 7-31 所示。

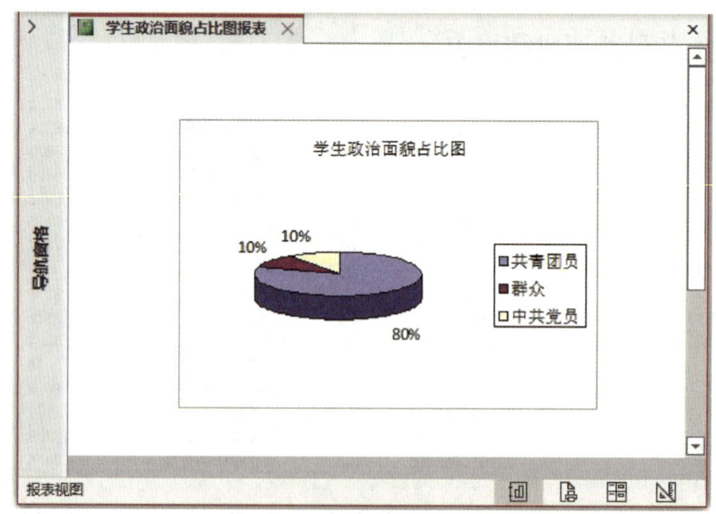

图 7-31　报表视图显示效果 4

二、任务分析

由于本实训任务与实训任务 1 有很多共同的知识点和技能点，本实训任务的思维导图就以完成本项目所需掌握的知识点和技能点为主进行展现，突出体现数据库的具体实现，要完成本实训任务，应按照图 7-32 所示的思维导图复习教材中所学的知识点和技能点。

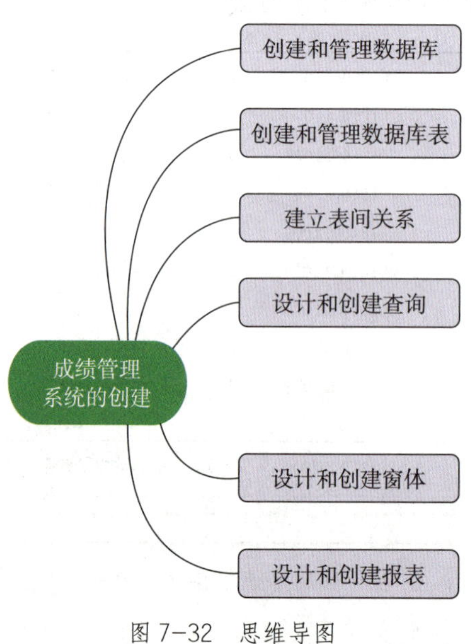

图 7-32　思维导图

本实训任务在“学籍管理系统”的基础上设计和开发“成绩管理系统”，具体包括系统设计分析和详细开发，其开发不仅仅是对小型数据库系统的开发理念、思路的归纳，更是对 Access 2021 各数据库对象的具体化、深入化，具体表现在较为复杂的查询、具有统计分析功能的报表应用等方面。

三、计划制订

学生根据任务分析，自己制订完成本实训任务的实训计划，见表 7–7。

表 7–7　实训计划

序号	工作内容	所需时间

四、操作步骤提示

本实训任务的操作步骤提示见表 7–8。

表 7–8　操作步骤提示

序号	操作步骤	内容
1	创建数据库	启动 Access 2021，新建一个名为“成绩管理系统”的数据库文件，保存到“D:\ 数据库”中
2	建立数据表	（1）创建“学生表” 1）在“创建”选项卡的“表格”命令组中，单击“表设计”按钮，进入“设计视图” 2）在字段名称列依次输入“学号、姓名、性别、出生日期、政治面貌、毕业学校、所在班级、照片”，将字段类型依次设置为“短文本、短文本、短文本、日期 / 时间、短文本、短文本、短文本、附件” 3）选择“学号”字段，单击“学号”字段数据类型位置，在常规选项卡中的“字段大小”文本框中输入“12”，在“必需”选项中选择“是”选项，在“表设计”选项卡的“工具”命令组中，单击“主键”按钮，将该字段设置为本表的主键 4）选择“姓名”字段，在“字段大小”文本框中输入“10”

续表

<table>
<tr><th>序号</th><th>操作步骤</th><th>内容</th></tr>
<tr><td>2</td><td>建立数据表</td><td>5）选择“性别”字段，在常规选项卡中的“字段大小”文本框中输入“1”，在“必需”选项中选择“是”选项，在“默认值”文本框中输入“男”
6）单击“政治面貌”字段对应的数据类型，修改“短文本”为“查阅向导”，在弹出的对话框中选择查阅列的数据来源为“自行键入所需的值”，单击“下一步”按钮，在第一列中分别输入“中共党员”“共青团员”“群众”“其他”，单击“下一步”按钮，字段标签设置为“政治面貌”，单击“完成”按钮即可
7）设置“毕业学校”和“所在班级”字段，在两个字段的常规选项卡的“字段大小”文本框中分别输入“15”“10”
8）依据本表结构，完成相关数据的录入
9）单击“保存”按钮，以“学生表”为名进行保存
（2）创建“成绩表”
1）在“创建”选项卡的“表格”命令组中，单击“表设计”按钮，进入“设计视图”
2）在字段名称列依次输入“学号、学年、学期、课程代码、平时成绩、考试成绩、总评成绩”，将字段类型依次设置为“短文本、短文本、数字、短文本、数字、数字、数字”
3）选择“学号”字段，在该字段的常规选项卡的“字段大小”文本框中输入“12”
4）在“学年”字段的常规选项卡的“字段大小”文本框中输入“10”
5）在“学期”字段的常规选项卡的“字段大小”下拉列表中选择“整型”选项，“小数位数”下拉列表中选择“0”选项
6）在“课程代码”字段的常规选项卡的“字段大小”文本框中输入“3”，“必需”选项中选择“是”选项
7）设置“平时成绩”“考试成绩”“总评成绩”字段，在这三个字段的常规选项卡的“字段大小”下拉列表中选择“单精度型”选项，在“验证规则”文本框中输入“>=0”，在“验证文本”文本框中输入“请输入正数!”
8）设置主键，按住 CTRL 键，同时选中“学号”和“课程代码”字段，右击鼠标，在弹出的快捷菜单中选择“主键”命令，联合主键设置完成，依据前序操作，“成绩表”的结构已经设计完成
9）单击“保存”按钮，以“成绩表”为名进行保存，保存后将成绩表关闭
10）导入数据，单击“外部数据”选项卡，在“导入并链接”命令组的“新的数据源”下拉菜单中依次选择“从文件”“Excel”命令，弹出“获取外部数据 –Excel 电子表格”对话框，选择“成绩表 .xlsx”作为数据源，将“向表中追加一份记录单副本：成绩表”作为目标；按“导入数据向导”对话框的操作步骤提示，依次完成成绩表的数据导入</td></tr>
</table>

续表

序号	操作步骤	内容
2	建立数据表	（3）创建“课程表” 1）在“创建”选项卡的“表格”命令组中，单击“表设计”按钮，进入设计视图 2）在字段名称列依次输入“课程代码、课程名称、课程类别、学分”，将字段类型依次设置为“短文本、短文本、短文本、数字” 3）在“课程代码”字段的常规选项卡的“字段大小”文本框中输入“3”，“必需”选项中选择“是”选项，选中该字段，右击鼠标，在弹出的快捷菜单中选择“主键”命令，将该字段设置为本表的主键 4）设置“课程代码”和“课程类别”字段，在这两个字段的常规选项卡的“字段大小”文本框中分别输入“20”“3” 5）在“学分”字段的常规选项卡的“字段大小”列表中选择“长整型”选项 6）依据表结构和实际情况输入相应的数据 7）单击“保存”按钮，以“课程表”为名进行保存
3	建立表间关系	（1）在“数据库工具”选项卡中，单击“关系”命令组中的“关系”按钮，打开“关系”窗口 （2）在右边的“添加表”对话框中，依次选中“学生表”“成绩表”“课程表”，并单击“添加所选表”按钮，三个数据表依次添加到“关系”设置区域 （3）建立“学生表”和“成绩表”的关系 1）在“关系”窗口中选取“学生表”的“学号”字段，将其拖曳至“成绩表”的“学号”字段上，弹出“编辑关系”对话框 2）勾选“实施参照完整性”复选框，单击“创建”按钮，即可建立“学生表”和“成绩表”的关系 （4）创建“成绩表”和“课程表”的关系 1）在“关系”窗口中选取“课程表”的“课程代码”字段，将其拖曳至“成绩表”的“课程代码”字段上，弹出“编辑关系”对话框 2）勾选“实施参照完整性”复选框，单击“创建”按钮，即可建立“成绩表”和“课程表”的关系
4	设计和创建查询	创建查询可以通过查询向导、查询设计器等多种方法实现 （1）设计“所有学生选课信息查询” 1）在“创建”选项卡的“查询”命令组中，单击“查询向导”按钮，弹出“新建查询”对话框 2）选择“简单查询向导”选项，单击“确定”按钮，弹出“简单查询向导”的第 1 个对话框

续表

序号	操作步骤	内容
4	设计和创建查询	3）指定简单查询的数据源为“学生表”，在“可用字段”中将“学号”“姓名”“所在班级”字段添加到“选定字段”列表中；采用同样的方法，在数据源列表中选择“课程表”，在“可用字段”中将“课程名称”字段添加到“选定字段”列表中；在数据源列表中选择“成绩表”，在“可用字段”中将“学年”“学期”“平时成绩”“考试成绩”和“总评成绩”字段添加到“选定字段”列表中；单击“下一步”按钮，弹出“简单查询向导”的第2个对话框，确定查询的显示方式 4）选择“明细（显示每个记录的每个字段）”选项，单击“下一步”按钮，弹出“简单查询向导”的第3个对话框，确定简单查询的标题 5）在“请为查询指定标题”文本框中输入“所有学生信息查询”，选择“打开查询查看信息”选项，单击“完成”按钮 （2）设计“查找相同学分的课程信息”查询 1）在“创建”选项卡的“查询”命令组中，单击“查询向导”按钮，弹出“新建查询”对话框 2）选择“查找重复项查询向导”选项，单击“确定”按钮，弹出“查找重复项查询向导”的第1个对话框 3）指定用以搜寻重复字段的表或查询为“课程表”，单击“下一步”按钮，弹出“查找重复项查询向导”的第2个对话框，双击“可用字段”列表中的“学分”字段，将其添加到“重复值字段”列表中 4）单击“下一步”按钮，弹出“查找重复项查询向导”的第3个对话框，分别双击“可用字段”列表中的“课程代码”“课程类别”“课程名称”字段，将其添加到“另外的查询字段”列表中，该列表中的字段将会在查询结果中显示 5）单击“下一步”按钮，弹出“查找重复项查询向导”的第4个对话框，在“指定查询的名称”文本框中输入查询保存的名称“查找相同学分的课程信息”，确保“查看结果”选项按钮处于“选中”状态后，单击“完成”按钮，即可显示查询结果 （3）设计“学分为3分必修课程信息查询” 1）单击“创建”选项卡的“查询”命令组中的“查询设计”按钮，打开“设计视图” 2）将“课程表”添加到设计视图窗口的上方，作为查询数据源 3）在查询设计器下方的字段行中添加“课程表”中的所有字段 4）选择“学分”字段，取消选中其“显示”复选框，并在“条件”行文本框中输入“3”，选择“课程类别”字段，在“条件”行文本框中输入“必修”，选中“课程代码”字段，在“排序”中选择“升序”选项 5）将查询保存为“学分为3分必修课程信息查询”

续表

序号	操作步骤	内容
4	设计和创建查询	（4）设计“每名学生总评成绩及格的课程门次及已修学分”查询 1）单击“创建”选项卡的“查询”命令组中的“查询设计”按钮，打开“设计视图”；将“学生表”“课程表”“成绩表”添加到设计视图窗口的上方 2）在查询设计器下方的字段行中添加“学生表”中的“姓名”字段，添加“成绩表”中的“课程代码”“总评成绩”字段，添加“课程表”中的“学分”字段 3）单击“查询设计”选项卡的“显示 / 隐藏”命令组中的“汇总”按钮，Access 2021 在“设计网格”中插入一个“总计”行 4）选择“姓名”字段，在“总计”行选择“GROUP BY”作为分组条件；选择“总评成绩”字段，在“总计”行选择“WHERE”作为查询条件，并在“条件”行文本框中输入“>=60”，取消该字段的显示；选中“课程代码”字段，在“总计”行选择“计数”选项，选中“学分”字段，在“总计”行选择“合计”选项 5）将“课程代码”字段修改为“及格门次：课程代码”，将“学分”字段修改为“已修学分：学分” 6）将查询保存为“每名学生总评成绩及格的课程门次及已修学分”，单击“运行”按钮，即可查看查询结果 （5）创建“交叉表查询 – 学生学年平均总评成绩查询” 1）单击“创建”选项卡的“查询”命令组中的“查询向导”按钮，弹出“新建查询”对话框 2）选择“交叉表查询向导”选项，单击“确定”按钮，弹出“交叉表查询向导”的第 1 个对话框 3）选中“视图”中的“查询”选项，指定交叉表查询的数据源为“查询：所有学生信息查询”，单击“下一步”按钮，弹出“交叉表查询向导”的第 2 个对话框，确定交叉表查询的行标题字段 4）在“可用字段”列表中将“学号”“姓名”字段添加到“选定字段”列表中，单击“下一步”按钮，弹出“交叉表查询向导”的第 3 个对话框，确定交叉表查询的列标题字段 5）将“学年”字段作为列标题，单击“下一步”按钮，弹出“交叉表查询向导”的第 4 个对话框，确定行列交叉点的值字段及函数 6）选择“总评成绩”字段作为交叉表的值，并设置“函数”为“平均” 7）单击“下一步”按钮，弹出“交叉表查询向导”的第 5 个对话框，输入“交叉表查询 – 学生学年平均总评成绩”作为查询的名称，单击“完成”按钮

续表

序号	操作步骤	内容
5	设计和制作窗体	（1）创建“成绩信息纵览式窗体” 1）在导航窗格中选择“表”对象列表中的“成绩表”作为窗体的数据源 2）在“创建”选项卡的“窗体”命令组中，单击“窗体”按钮，快速创建“成绩信息纵览式窗体” 3）切换至“设计视图”，调整标题标签到合适大小，并修改标签“成绩表”为“成绩信息纵览式窗体”，选择该标签，在“开始”选项卡的“文本格式”命令组中，单击“居中对齐”按钮 4）在设计视图模式下，依次添加“转至上一条记录”“转至下一条记录”“添加新记录”“保存记录”“删除记录”按钮，调整各个按钮的大小、间距至合适状态 5）单击“保存”按钮，保存文件名为“成绩信息纵览式窗体” （2）创建“学生信息多项目窗体” 1）在导航窗格中选择“表”对象列表中的“学生表”作为窗体的数据源 2）在“创建”选项卡的“窗体”命令组中，单击“其他窗体”按钮，在“其他窗体”的下拉列表中，选择“多个项目”选项，可以快速创建多项目窗体 3）调整窗体对象的间距至合适位置，修改标签“学生表”为“学生信息”，以“学生信息多项目窗体”为名保存窗体，关闭窗体 （3）创建“课程信息数据表式窗体” 1）在导航窗格中选择“表”对象列表中的“课程表”作为窗体的数据源，在“创建”选项卡的“窗体”命令组中，单击“窗体向导”按钮，弹出“窗体向导”对话框 2）在“可用字段”中选中所有字段，添加到“选定字段”列表中，单击“下一步”按钮 3）在布局方式中选择“数据表”选项，单击“下一步”按钮 4）为窗体指定标题为“课程信息数据表式窗体”，然后选中“打开窗体查看或输入信息”单选按钮 5）单击“完成”按钮，结束窗体创建操作，可以查看窗体的运行结果 （4）创建“学生成绩查询窗体” 1）在“创建”选项卡的“窗体”命令组中，单击“窗体向导”按钮，弹出“窗体向导”的第 1 个对话框 2）在“表 / 查询”下拉列表中选择“表：学生表”选项，在“可用字段”中选择“学号”“姓名”字段，添加到“选定字段”列表中；添加

续表

序号	操作步骤	内容
5	设计和制作窗体	完成后，在“表/查询”下拉列表中选择“表：成绩表”选项，在“可用字段”中选择“学年”“学期”字段，添加到“选定字段”列表框中；在“表/查询”下拉列表中选择“表：课程表”选项，在“可用字段”中选择“课程名称”“课程类别”字段，添加到“选定字段”列表中；在“表/查询”下拉列表中选择“表：成绩表”选项，在“可用字段”中选择“平时成绩”“考试成绩”“总评成绩”字段，添加到“选定字段”列表中；单击“下一步”按钮，弹出“窗体向导”的第2个对话框 3）选择“通过学生表”作为查看数据方式，单击“带有子窗体的窗体”单选按钮，单击“下一步”按钮，弹出“窗体向导”的第3个对话框 4）单击“数据表”单选按钮，单击“下一步”按钮，在弹出的“窗体向导”对话框中指定窗体名称为“学生成绩查询窗体”及子窗体名称为“各科考试成绩”，单击“打开窗体查看或输入信息”单选按钮 5）单击“完成”按钮，窗体创建成功
6	设计和制作报表	（1）创建“学生基本情况报表” 1）在“创建”选项卡的“报表”命令组中，单击“报表向导”按钮，弹出“报表向导”对话框 2）从“学生表”中添加“学号”“姓名”“性别”“出生日期”“政治面貌”“毕业学校”“所在班级”“照片”到“选定字段”列表中，添加完成后，单击“下一步”按钮 3）在“报表向导”对话框中提示是否添加分组，选择默认不进行分组，单击“下一步”按钮 4）确定明细信息使用的排序次序，此处不选择字段作为排序依据 5）单击“下一步”按钮，在弹出的“报表向导”对话框中，设置布局方式为“纵览表”，方向为“纵向” 6）单击“下一步”按钮，为报表指定标题为“学生基本情况报表”，然后单击“预览报表”单选按钮，单击“完成”按钮，报表创建成功 （2）创建“学生各科成绩报表” 1）在“创建”选项卡的“报表”命令组中，单击“报表向导”按钮，弹出“报表向导”对话框 2）从“学生表”中添加“姓名”“学号”到“选定字段”，从“课程表”中添加“课程代码”“课程名称”到“选定字段”列表中，从“成绩表”中添加“总评成绩”到“选定字段”，添加完成后，单击“下一步”按钮 3）选择“通过成绩表”作为查看数据的方式，单击“下一步”按钮 4）在“报表向导”对话框中提示是否添加分组，添加“姓名”和“学号”作为分组依据，单击“下一步”按钮

续表

序号	操作步骤	内容
6	设计和制作报表	5）确定明细信息使用的排序次序，选择“学号”升序排序，单击“下一步”按钮 6）在弹出的“报表向导”对话框中，设置布局方式为“块”，方向为“纵向” 7）单击“下一步”按钮，为报表指定标题为“学生各科成绩报表”，然后单击“预览报表”单选按钮，单击“完成”按钮，报表创建成功，可以进行美化操作后再保存 （3）创建“显示平均分的学生各科成绩报表” 1）在导航窗格中，复制“学生各科总评成绩报表”副本，并且重命名为“显示平均分的学生各科成绩报表” 2）打开“显示平均分的学生各科成绩报表”，切换至“设计视图”，修改标签“学生各科成绩报表”为“学生各科总评成绩平均分报表” 3）在添加“组页眉”时，并不自动添加“组页脚”，因此需要添加“姓名页脚”作为“组页脚”，在“报表设计”选项卡的“分组和汇总”命令组中，单击“分组与排序”按钮，在报表下方的“分组、排序和汇总”窗格中，单击“分组形式”栏右侧的“更多”按钮，展开分组栏，单击“无页脚节”右侧的下拉按钮，在弹出的下拉列表中选择“有页脚节”选项，添加“姓名页脚”成功，单击“分组、排序和汇总”右侧的“关闭”按钮，关闭该窗格 4）在“报表设计”选项卡的“控件”命令组中，单击“文本框”按钮，选中“文本框”控件，在“姓名页脚”中添加一个文本框控件，在文本框中输入计算表达式“=AVG（[总评成绩]）”，并将其标签文本修改为“平均分:”，单击文本框控件，双击打开其“属性表”对话框，“格式”属性设置为“标准”，“小数位数”设置为“2”，“字体粗细”设置为“加粗”，采用同样方法设置“文本框”对应标签文字进行加粗操作 5）依次单击“报表设计”“控件”“直线”按钮，在“姓名页眉”中绘制分割线；调整所有控件的大小、位置，使整个报表美观、合理 6）预览效果并且保存 （4）创建“学生政治面貌占比图报表” 1）在“创建”选项卡的“报表”命令组中，单击“报表设计”按钮 2）空报表“报表1”随即在文档区域打开，用鼠标右键单击报表任意节，在弹出的快捷菜单中选择“页面页眉 / 页脚”命令，取消显示页面页眉 / 页脚 3）在“报表设计”选项卡的“控件”命令组中，单击“图表”按钮，在报表主体节中放置控件，弹出“图表向导”的第 1 个对话框

续表

序号	操作步骤	内容
6	设计和制作报表	4）选择“学生表”作为报表的数据源，单击“下一步”按钮，弹出“图表向导”的第2个对话框，选择“所在班级”和“政治面貌”字段作为创建图表的字段 5）单击“下一步”按钮，在弹出的对话框中选择图表类型为“三维饼图” 6）单击“下一步”按钮，在弹出的对话框中指定数据在图表的布局方式，将“所在班级”字段拖曳至“数据”位置，将“政治面貌”字段作为“系列”项，单击左上角的“预览图表”按钮，可以预览设计效果 7）单击“下一步”按钮，在弹出的对话框中设置图表的标题为“学生政治面貌占比图”，并单击“是，显示图例”单选按钮 8）单击“完成”按钮，即可在设计视图中显示图表报表的示例效果 9）修改图表，双击图表区域，激活图表，选择“图表”下拉菜单中的“图表选项”命令，弹出“图表选项”对话框，选择“数据标签”选项卡，选中“百分比”复选框，单击“确定”按钮，返回报表设计器 10）选中图表，将图表适当放大，切换至“打印预览视图”，预览图表 11）以“学生政治面貌占比图”为名保存图表

五、总结与评价

实训完成后，学生分组总结实训成果，分享完成实训过程的心得体会。总结结束后，可以从工具使用、软件操作、作品效果、成果展示等方面对实训任务进行评价，采用学生自评、学生互评、教师评价相结合的多元评价方式，见表7–9。

表7–9 实训评价

序号	评价要求	分值/分	学生自评（占比30%）	学生互评（占比30%）	教师评价（占比40%）
1	“成绩管理系统”数据库是否创建成功	5			
2	3个数据表是否创建成功，结构是否合理，数据输入是否完整，设计是否美观，对其操作结果与任务提供的参考进行比较是否一致	10			
3	表间关系是否创建成功，参照完整性是否正确、合理	10			

续表

序号	评价要求	分值 / 分	学生自评（占比 30%）	学生互评（占比 30%）	教师评价（占比 40%）
4	5 个查询是否创建成功，结构是否合理，运行结果是否正确，设计是否美观，对其操作结果与任务提供的参考进行比较是否一致	25			
5	5 个窗体是否创建成功，结构是否合理，内容是否全面，布局方式是否美观，各控件格式是否与样板一致，运行是否正常，预览效果是否与样板一致，对其操作结果与任务提供的参考进行比较是否一致	25			
6	4 个报表是否创建成功，结构是否合理，字段是否正确、全面，布局方式是否正确，设计是否美观，各控件格式等要求是否正确，预览结果是否与样板一致	15			
7	任务操作是否熟练，时间分配是否合理	10			
综合得分		100			

六、实训拓展

1. 已知学号字段的前四位表示入学年份，修改所有学生选课信息查询，查找 2018 年入学的学生的成绩信息，显示字段不变，查询以“2018 年入学学生选课信息”为名保存，查询结果如图 7-33 所示。

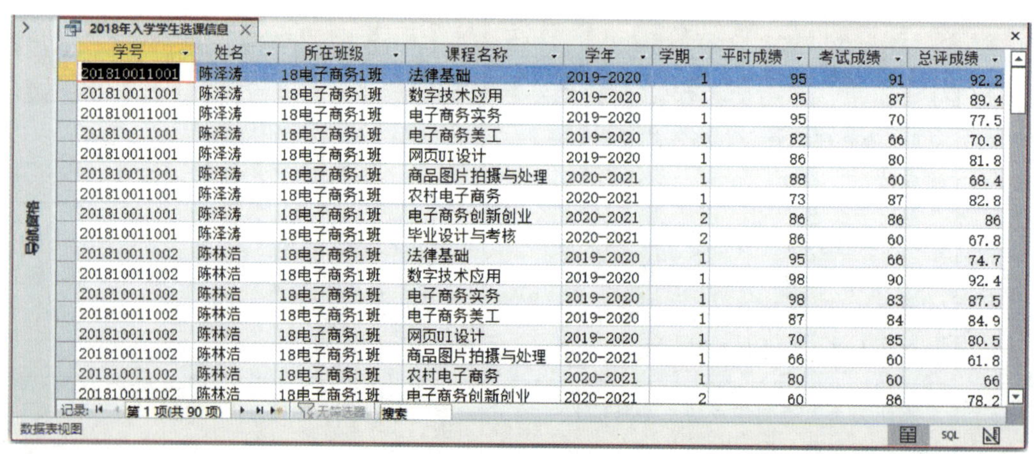

学号	姓名	所在班级	课程名称	学年	学期	平时成绩	考试成绩	总评成绩
201810011001	陈泽涛	18电子商务1班	法律基础	2019-2020	1	95	91	92.2
201810011001	陈泽涛	18电子商务1班	数字技术应用	2019-2020	1	95	87	89.4
201810011001	陈泽涛	18电子商务1班	电子商务实务	2019-2020	1	95	70	77.5
201810011001	陈泽涛	18电子商务1班	电子商务美工	2019-2020	1	82	66	70.8
201810011001	陈泽涛	18电子商务1班	网页UI设计	2019-2020	1	86	80	81.8
201810011001	陈泽涛	18电子商务1班	商品图片拍摄与处理	2020-2021	1	88	60	68.4
201810011001	陈泽涛	18电子商务1班	农村电子商务	2020-2021	1	73	87	82.8
201810011001	陈泽涛	18电子商务1班	电子商务创新创业	2020-2021	2	86	86	86
201810011001	陈泽涛	18电子商务1班	毕业设计与考核	2020-2021	2	86	60	67.8
201810011002	陈林浩	18电子商务1班	法律基础	2019-2020	1	95	66	74.7
201810011002	陈林浩	18电子商务1班	数字技术应用	2019-2020	1	98	90	92.4
201810011002	陈林浩	18电子商务1班	电子商务实务	2019-2020	1	98	83	87.5
201810011002	陈林浩	18电子商务1班	电子商务美工	2019-2020	1	87	84	84.9
201810011002	陈林浩	18电子商务1班	网页UI设计	2019-2020	1	70	85	80.5
201810011002	陈林浩	18电子商务1班	商品图片拍摄与处理	2020-2021	1	66	60	61.8
201810011002	陈林浩	18电子商务1班	农村电子商务	2020-2021	1	80	60	66
201810011002	陈林浩	18电子商务1班	电子商务创新创业	2020-2021	2	60	86	78.2

图 7-33　查询结果 1

2. 以“学生表”为数据源，使用查询设计视图建立选择查询，查找女学生信息，要求显示学号、姓名、性别、所在班级等信息，查询以“女学生信息查询”为名保存，查询结果如图 7–34 所示。

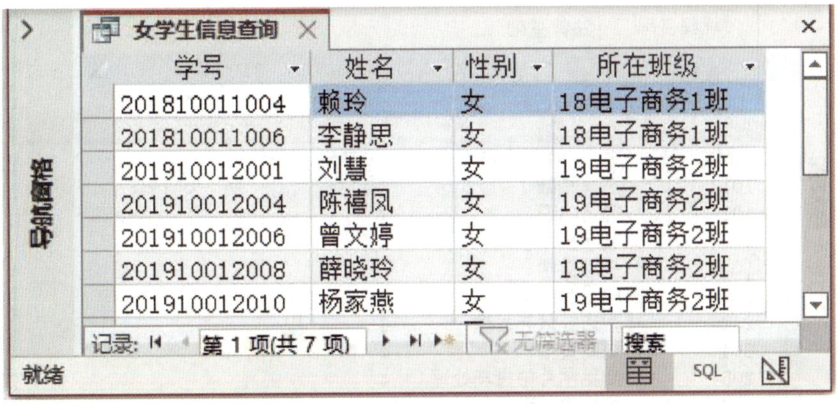

女学生信息查询

学号	姓名	性别	所在班级
201810011004	赖玲	女	18电子商务1班
201810011006	李静思	女	18电子商务1班
201910012001	刘慧	女	19电子商务2班
201910012004	陈禧凤	女	19电子商务2班
201910012006	曾文婷	女	19电子商务2班
201910012008	薛晓玲	女	19电子商务2班
201910012010	杨家燕	女	19电子商务2班

记录: 第 1 项(共 7 项)　无筛选器　搜索

就绪

图 7–34　查询结果 2

3. 以“课程表”为数据源，创建参数查询，要求按照课程类型查找课程信息，当查询运行时，提示框显示“请输入课程类别:”，查询结果包括课程代码、课程名称、学分等信息，查询以“按输入课程类别显示课程相关信息查询”为名保存，查询条件输入“必修”时，查询结果如图 7–35 所示。

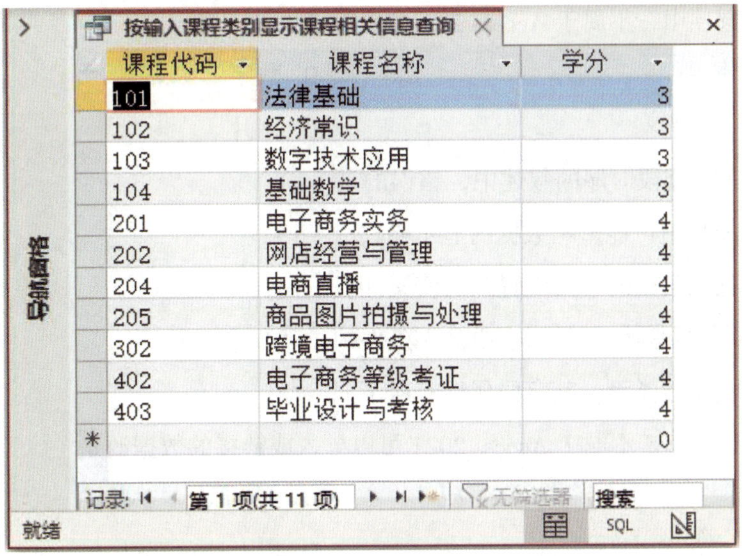

按输入课程类别显示课程相关信息查询

课程代码	课程名称	学分
101	法律基础	3
102	经济常识	3
103	数字技术应用	3
104	基础数学	3
201	电子商务实务	4
202	网店经营与管理	4
204	电商直播	4
205	商品图片拍摄与处理	4
302	跨境电子商务	4
402	电子商务等级考证	4
403	毕业设计与考核	4
*		0

记录: 第 1 项(共 11 项)　无筛选器　搜索

就绪

图 7–35　查询结果 3

4. 以“学生表”为数据源，创建分割式窗体，窗体命名为“学生信息分割式窗体”，窗体视图效果如图 7–36 所示。

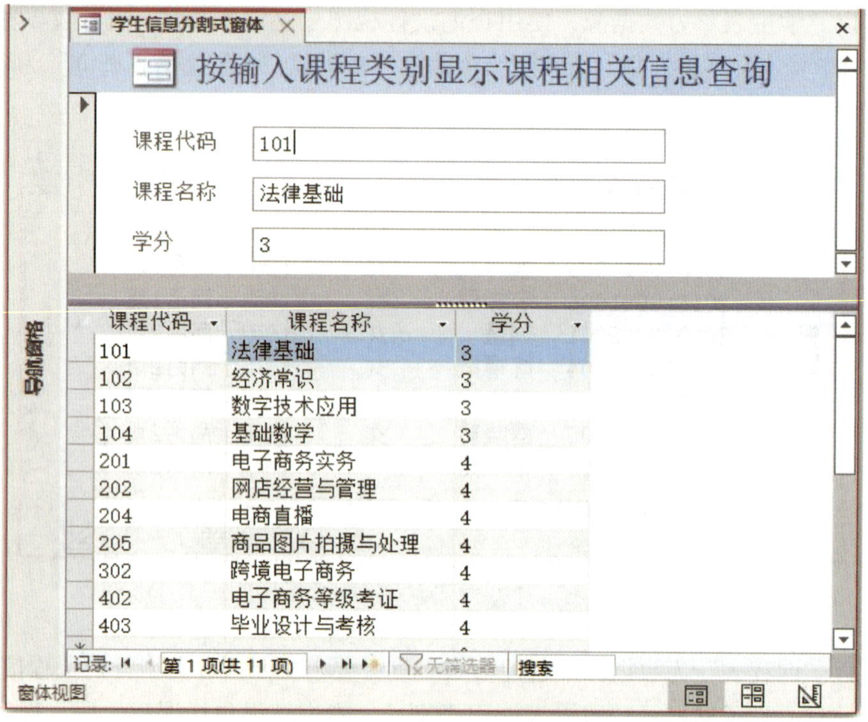

图 7-36　窗体视图效果

七、知识巩固与提高

1. 下列选项中，不属于 Access 2021 数据类型的是（　　）。

A. 短文本　　B. 数字

C. 附件　　D. 图片

2. 下列关于字段时序的叙述中，错误的是（　　）。

A. 格式属性值可能影响数据的显示格式

B. 可对任意类型的字段设置默认值属性

C. 有效性规则是用于限制字段输入条件的

D. 不同的字段类型，其字段属性有所不同

3. 下列选项中，不属于 Access 2021 可以导入或链接的数据源是（　　）。

A. Access 2021　　B. Excel

C. XML　　D. 以上选项都对

4. 如果在所建表格中定义了“姓名”字段，并向其中输入汉字，其数据类型应为（　　）。

A. 数字　　B. OLE 对象

C. 短文本　　D. 日期 / 时间

5. 在数据表视图下，不能进行的操作是（　　）。

A. 修改字段类型　　B. 删除字段

C. 修改字段名称　　D. 计算字段的值

6. 在数据表中删除一条记录，删除的记录（　　）。

A. 可以恢复到首记录位置　　B. 可以恢复到原始位置

C. 可以恢复到末记录位置　　D. 不可恢复

7. 在 Access 2021 数据表中可以定义两种主键，分别是（　　）。

A. 单字段和自动编号　　B. 单字段

C. 多字段和自动编号　　D. 单字段和多字段

8. 在 Access 2021 中，参照完整性规则不包括（　　）规则。

A. 查询　　B. 更新

C. 删除　　D. 插入

9. 在表中查找符合条件的记录时，应使用的查询是（　　）查询。

A. 选择　　B. 删除

C. 更新　　D. 生成表

10. 条件“Between 10 and 100”的含义是（　　）。

A. 10 ~ 100 的数字，且包含 10 和 100

B. 10 ~ 100 的数字，且不包含 10 和 100

C. 10 和 100 这两个数字之外的数字

D. 10 和 100 这两个数字

11. 在创建交叉表查询时，行标题字段的值显示在交叉表的位置是（　　）。

A. 第一行　　B. 第一列

C. 上面若干行　　D. 左侧若干列

12. 在 Access 2021 中已经建立了员工表，表中有员工编号、姓名、性别、职位、职称、奖金等字段。执行 SQL 命令“SELECT 职称 , AVG (奖金) FROM 员工 GROUP BY 职称 ;”其结果是（　　）。

A. 计算奖金的平均值，并显示职称

B. 计算奖金的平均值，并显示职称和奖金的平均值

C. 计算各类职称奖金的平均值，并显示职称

D. 计算各类职称奖金的平均值，并显示职称和奖金的平均值

13. 在查询设计视图中（　　）。

A. 只能添加查询

B. 可以添加数据表，也可以添加查询

C. 只能添加数据表

D. 可以添加数据表，不可以添加查询

14. 在显示查询结果时，如果将“学生表”中的“出生地”字段名显示为“籍贯”，可以在查询设计视图中改动（　　）行。

A. “排序”　　B. “字段”

C. “条件”　　D. “显示”

15. 在 SQL 的 SELECT 语句中，用于实现选择运算的符号是（　　）。

A. IF　　B. FOR

C. WHILE　　D. WHERE

16. 在 Access 2021 窗体中，通常用来显示一条或多条记录的节是（　　）。

A. 页面　　B. 主体

C. 页面页眉　　D. 窗体页眉

17. 下列选项中，不能创建窗体的操作是（　　）。

A. “创建”→“窗体”　　B. “创建”→“窗体设计”

C. “创建”→“窗体模板”　　D. “创建”→“模式对话框”

18. 为窗体上的控件设置“标题”属性，应选择“属性表”对话框的（　　）选项卡。

A. “格式”　　B. “数据”

C. “事件”　　D. “其他”

19. 下列选项中，不属于报表类型的是（　　）式报表。

A. 标签　　B. 选项卡

C. 交叉表　　D. 图表

20. 如果主报表和子报表的数据源都是表对象，那么它们之间必须已经设置好（　　）。

A. 关联　　B. 主键

C. 查询　　D. 以上选项都不对

21.“商品”与“顾客”两个实体集之间的联系一般是（　　）。

A. 一对一　　B. 一对多

C. 多对一　　D. 多对多

22. 在 Access 2021 中，数据保存在（　　）对象中。

A. 查询　　B. 窗体

C. 报表　　D. 表

23. 在 Access 2021 数据库的下列字段类型中，字段大小不固定的是（　　）。

A. 货币　　B. 日期 / 时间

C. 数字　　D. 是 / 否

24. 在 Access 2021 数据库的表设计视图中，不能进行的操作是（　　）。

A. 设置主键　　B. 删除记录

C. 增加字段　　D. 修改字段类型

25. 下列关于 Access 2021 数据库中表的主键描述，错误的是（　　）。

A. 表的主键值可以重复

B. 表的主键可以是自动编号类型的字段

C. 表的主键值不能为空值

D. 表的主键可以由一个或多个字段组成

26. 下列选项中，关于 Access 2021 查询中数据源的说法错误的是（　　）。

A. 可以是表　　B. 可以是查询

C. 可以是报表　　D. 可以是一条 SQL 命令

27. 在 Access 2021 中，要改变窗体中某个文本框控件的数据源，应修改该文本框的（　　）属性。

A. 记录源　　B. 控件来源

C. 默认值　　D. 格式

28. 在 Access 2021 中，报表不能完成的工作是（　　）。

A. 分组统计数据　　B. 分类汇总数据

C. 格式化数据　　D. 输入数据

29. 在 Access 2021 中，下列不是窗体控件的是（　　）。

A. 表　　B. 标签

C. 文本框　　D. 组合框

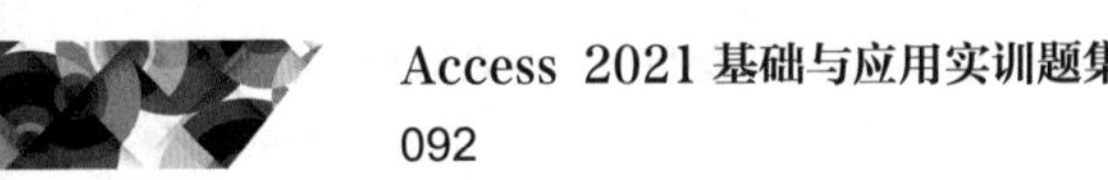

30. 一门课程可以同时被多个学生选中，一个学生也可以同时选中多门课程，那么课程和学生之间的联系是（　　）。

A. 一对一　　B. 一对多

C. 多对一　　D. 多对多

31. 在 Access 2021 中，数据类型不包含（　　）类型。

A. 字符　　B. 日期 / 时间

C. 通用　　D. 数值

32. 在 Access 2021 中，不允许有重复数据的字段类型是（　　）。

A. 数字　　B. 文本

C. 是 / 否　　D. 自动编号

33. 下列选项中，关于 Access 2021 中不允许同一表中有相同的（　　）。

A. 字段名　　B. 属性值

C. 数据　　D. 记录

34. 在 Access 2021 中，Between 的含义是（　　）。

A. 用于指定一个字段值的列表，列表中的任意一个值都可与查询的字段相匹配

B. 用于指定一个字段值的范围，指定的范围之间用 And 连接

C. 用于指定查找文本字段的字符模式

D. 用于指定一个字段为空

35. 字段名必须用（　　）括起来。

A. 小括号　　B. 方括号

C. 引号　　D. 大括号

36. 创建单参数查询时，在设计网格区中输入“准则”单元格的内容为（　　）。

A. 查询字段的字段名　　B. 用户任意指定的内容

C. 查询的条件　　D. 参数对话框中的提示文本

37. 下列查询中，（　　）查询可以从多个表中提取数据，然后组合起来生成一个新表并永久保存。

A. 参数　　B. 生成表

C. 追加　　D. 更新

38. 下列选项中，不属于操作查询的是（　　）查询。

A. 删除　　B. 参数

C. 更新　　D. 生成表

39. 在成绩中要查找成绩≥80 且成绩≤95 的学生，正确的条件表达式是（　　）。

A. 成绩 Between 80 And 95　　B. 成绩 Between 80 To 95

C. 成绩 Between 79 And 95　　D. 成绩 Between 79 To 95

40. 数据表中的“行”称为（　　）。

A. 字段　　B. 数据

C. 记录　　D. 数据视图

41. 定义字段的默认值是指（　　）。

A. 不得使字段为空

B. 不允许字段的值超出某个范围

C. 在输入数值之前，系统自动提供数值

D. 系统自动把小写字母转换为大写字母

42. 下列选项中，完全属于 Access 2021 数据类型的是（　　）。

A. 长文本、查阅向导、日期 / 时间型

B. 数值型、自动编号型、文字型

C. 字母型、货币型、查阅向导

D. 是 / 否型、OLE 对象、网络链接

43. 在 SQL 查询中，要查询“教师”数据表中的所有记录和字段，SQL 语句应为（　　）。

A. SELECT 姓名 FROM 教师

B. SELECT * FROM 教师

C. SELECT 姓名 FROM 教师 WHILE 学号 =03550

D. SELECT * FROM 教师 WHILE 学号 =03550

44. 要统计员工人数，需在“总计”下拉列表中选择函数（　　）。

A. Sum　　B. Count

C. Min　　D. Average

45.（　　）是交叉表查询的必要组件。

A. 行标题　　B. 列标题

C. 值　　D. 以上选项都对

46. 将大量数据按不同类型分别集中在一起，称之为将数据（　　）。

A. 合计　　B. 分组

C. 筛选　　D. 排序

47. 标签控件通常通过（　　）向报表添加。

A. 控件组　　B. 工具栏

C. 属性表　　D. 字段列表

48.（　　）不属于窗体的作用。

A. 显示和操作数据

B. 窗体由多个部分组成，每个部分称为一个“节”

C. 提供信息，及时告诉用户即将发生的动作信息

D. 控制下一步流程

49. 创建新表时，（　　）来创建表的结构。

A. 直接输入数据

B. 使用表设计器

C. 通过获取外部数据（导入表、链接表等）

D. 使用向导

50. 如果一个数据表中含有“出生日期”字段，那么照片所在字段的数据类型通常为（　　）型。

A. 日期 / 时间　　B. 超链接

C. 查阅向导　　D. 长文本